Sonam Dubey
Rajiv Srivastava
Ritu Shrivastava

Contribuição das ferramentas geradoras de IA para a evolução da educação

Sonam Dubey
Rajiv Srivastava
Ritu Shrivastava

Contribuição das ferramentas geradoras de IA para a evolução da educação

ScienciaScripts

Imprint

Any brand names and product names mentioned in this book are subject to trademark, brand or patent protection and are trademarks or registered trademarks of their respective holders. The use of brand names, product names, common names, trade names, product descriptions etc. even without a particular marking in this work is in no way to be construed to mean that such names may be regarded as unrestricted in respect of trademark and brand protection legislation and could thus be used by anyone.

Cover image: www.ingimage.com

This book is a translation from the original published under ISBN 978-620-7-64688-3.

Publisher:
Sciencia Scripts
is a trademark of
Dodo Books Indian Ocean Ltd. and OmniScriptum S.R.L publishing group

120 High Road, East Finchley, London, N2 9ED, United Kingdom
Str. Armeneasca 28/1, office 1, Chisinau MD-2012, Republic of Moldova, Europe
Printed at: see last page
ISBN: 978-620-7-62711-0

AVANÇOS RECENTES NO DOMÍNIO DA INTELIGÊNCIA ARTIFICIAL "A CONTRIBUIÇÃO DAS FERRAMENTAS GERADORAS DE IA PARA A EVOLUÇÃO DA EDUCAÇÃO"

Sonam Dubey

Instituto SIRT, Índia

RESUMO

A evolução da inteligência artificial (IA) e da aprendizagem automática (AM) incorporou várias componentes cruciais, incluindo o raciocínio, a representação do conhecimento, o planeamento, a aprendizagem, o processamento da linguagem natural, a perceção e a capacidade de manipular objectos. Estas características contribuem coletivamente para o desenvolvimento de sistemas inteligentes concebidos para apoio à decisão, com o objetivo de ultrapassar as limitações do processamento do conhecimento humano. Os algoritmos de aprendizagem automática desempenham um papel importante, permitindo que as aplicações tirem conclusões e façam previsões de forma autónoma, tirando partido dos dados existentes sem supervisão humana constante. Esta capacidade permite a geração de soluções rápidas e quase óptimas, mesmo em problemas complexos caracterizados por uma elevada dimensionalidade. Neste documento, apresentámos os vários aspectos das ferramentas de geração de IA que utilizam técnicas de inteligência artificial (IA) para a criação ou geração de conteúdos, informações ou resultados. Estas ferramentas utilizam uma série de tecnologias de IA, incluindo algoritmos de aprendizagem automática e processamento de linguagem natural. A integração destas técnicas de IA permite que as ferramentas produzam conteúdos ou informações de forma autónoma, demonstrando a versatilidade da IA nas aplicações de geração de conteúdos.

Palavras-chave: Ferramentas de geração de IA, Linguagem natural, RunwayML, Geração de texto, Geração de imagem, Geração de código.

INTRODUÇÃO

As ferramentas de geração de IA referem-se a aplicações ou sistemas de software que utilizam técnicas de inteligência artificial (IA) para criar ou gerar conteúdos, informações ou resultados. Estas ferramentas utilizam algoritmos de aprendizagem automática, processamento de linguagem natural e outras tecnologias de IA para produzir texto, imagens, áudio ou outras formas de conteúdo semelhantes às humanas. O principal objetivo das ferramentas de geração de IA é automatizar e racionalizar o processo de criação de conteúdos, tornando-o mais rápido, mais eficiente e, em alguns casos, mais sofisticado. As ferramentas de geração de IA têm o potencial de afetar e moldar significativamente o futuro da tecnologia da educação. As ferramentas geradoras de IA continuam a evoluir, oferecendo diversas aplicações em vários domínios. No entanto, devem ser tidas em conta considerações éticas, especialmente quando se utilizam estas ferramentas para a criação de conteúdos, a fim de garantir resultados responsáveis e imparciais. As ferramentas de geração de IA referem-se a aplicações ou plataformas de software que utilizam técnicas de inteligência artificial (IA) para criar automaticamente conteúdos, gerar texto, imagens ou outras formas de media. Estas ferramentas são concebidas para ajudar os utilizadores na criação de conteúdos, simplificar os fluxos de trabalho e aumentar a produtividade.

INTELIGÊNCIA ARTIFICIAL

O estudo AI100 da Universidade de Stanford argumenta que a IA carece de uma definição concreta devido à sua natureza dinâmica, sugerindo que é mais adequada a sua definição pelo que os investigadores estão atualmente a fazer para simular a inteligência nas máquinas. Russell e Norvig [1] descrevem quatro abordagens de IA: pensar humanamente, agir humanamente, pensar racionalmente e agir racionalmente. Os sistemas que pensam humanamente utilizam a modelação cognitiva, tentando emular os processos humanos. A cognição, definida por Vernon, envolve autossuficiência, resolução de problemas e ação adaptativa. Os modelos cognitivos enfrentam desafios na definição dos seus objectivos e mecanismos, conhecidos como a distinção último-proximal, em que vários mecanismos podem atingir um comportamento desejado [2].

Os sistemas que actuam humanamente têm como objetivo imitar o comportamento humano, testado pelo teste de Turing. A proficiência em áreas como a PNL, a representação do conhecimento, o raciocínio e a aprendizagem é crucial. A representação do conhecimento, um problema importante da IA, permite um comportamento semelhante ao humano [3]. O estudo neste domínio abrange a lógica clássica, a programação com restrições e as redes Bayesianas.

Tipos de Inteligência Artificial

1. **IA estreita ou fraca:** A IA estreita, também conhecida como IA fraca, refere-se a sistemas de IA concebidos para executar tarefas específicas ou resolver problemas particulares num domínio limitado. Estes sistemas são excelentes em tarefas estreitas e bem definidas, mas não têm a inteligência geral e a adaptabilidade dos seres humanos. Exemplos de IA estreita incluem assistentes virtuais como a Siri e a Alexa, sistemas de recomendação e veículos autónomos.

2. **IA geral:** A IA geral, muitas vezes referida como IA forte ou Inteligência

Artificial Geral (AGI), representa a capacidade hipotética dos sistemas de IA para compreender, aprender e aplicar conhecimentos numa vasta gama de domínios, à semelhança da inteligência humana. Embora as actuais tecnologias de IA se concentrem principalmente em tarefas limitadas, a procura da AGI continua a ser um objetivo a longo prazo da investigação em IA, com implicações em domínios como a robótica, as ciências cognitivas e a filosofia.

3. **IA superinteligente:** A IA superinteligente refere-se a sistemas de IA que ultrapassam a inteligência humana em todos os domínios e tarefas. Este conceito especulativo, popularizado por futuristas e autores de ficção científica, levanta questões éticas e existenciais profundas sobre as implicações da criação de entidades mais inteligentes do que os seus criadores. Embora ainda puramente teóricos, os debates sobre a IA superinteligente levam a refletir sobre os potenciais riscos e benefícios do avanço das capacidades da IA para além dos níveis humanos.

FERRAMENTAS DE GERAÇÃO DE IA
ALGUMAS DIRECÇÕES POTENCIAIS PARA O FUTURO DAS FERRAMENTAS DE GERAÇÃO DE IA:

Geração de texto

•GPT-3 da OpenAI: O GPT-3, ou Generative Pre-trained Transformer 3, é um modelo de linguagem poderoso que pode gerar texto coerente e contextualmente relevante com base em avisos. Tem sido utilizado para uma variedade de aplicações, incluindo a criação de conteúdos, a geração de código e a compreensão de linguagem natural. GPT-3, sigla de Generative Pre-trained Transformer 3, é uma linguagem forte desenvolvida pela Open AI. Lançado em maio de 2020 como uma atualização do seu antecessor, GPT-2, o GPT-3 utiliza a aprendizagem profunda para gerar texto semelhante ao humano e pode criar não só texto normal, mas também código, histórias, poemas e muito mais. Com uns notáveis 175 mil milhões de parâmetros treináveis, destaca-se como o maior modelo de linguagem desenvolvido pela OpenAI e ganhou uma atenção significativa no domínio do processamento de linguagem natural (PNL), um sub-ramo crucial da ciência dos dados.

•ChatGPT:

O ChatGPT é uma ferramenta de processamento de linguagem natural alimentada por IA que permite conversas semelhantes às humanas e várias funções. Estes chatbots podem responder a perguntas, ajudar em tarefas como a composição de e-mails, ensaios e código, demonstrando a sua versatilidade em interacções baseadas na linguagem. O ChatGPT é um modelo de linguagem concebido para interacções interactivas. Pode ser utilizado para chatbots, apoio ao cliente e outras aplicações que envolvam a geração de respostas semelhantes às humanas.

Geração de imagens

•DeepDream: Desenvolvido pela Google, o DeepDream utiliza redes neurais para gerar imagens únicas e muitas vezes surreais, melhorando e modificando imagens existentes. O DeepDream, criado pelo engenheiro da Google Alexander Mordvintsev, é um programa de visão por computador que utiliza uma rede neural de convolução. Melhora as imagens identificando e amplificando padrões através de pareidolia algorítmica, o que resulta em imagens psicadélicas e de sonho. Originalmente concebido para a classificação de imagens, também pode inverter o processo, ajustando as imagens para maximizar a confiança em neurónios de saída específicos. Esta inversão, semelhante à retropropagação, conduz a imagens surreais através de iterações. Para refinar a saída, são utilizadas técnicas como a regularização da variação total. O processo assemelha-se ao cloud-gazing, procurando características específicas nas imagens. As imagens geradas beneficiam da regularização para obter aparências mais suaves e naturais, conforme discutido em estudos relacionados.

• DALL-E da OpenAI: DALL-E é um modelo que pode gerar imagens a partir de descrições textuais. É capaz de criar conteúdos visuais novos e diversificados com base nos dados fornecidos. O DALL-E, criado pela OpenAI, é um modelo de IA generativo para a criação de imagens, introduzido em janeiro de 2021, sendo a sua última iteração o DALL-E 3. Funcionando com base em instruções de linguagem natural, interpreta frases curtas para gerar imagens correspondentes com precisão. O nome "DALL-E" é uma fusão de Salvador Dali e do WALL-E da Pixar. O DALL-E 1 utilizou o GPT-3 modificado com a tecnologia Discrete Variation Auto-Encoder (dVAE). Em 2022, o DALL-E 2 teve como objetivo imagens de alta resolução mais realistas, incorporando técnicas aprimoradas, incluindo um modelo de difusão estável e integração com o modelo CLIP (Contrastive Language-Image Pre-training). Em setembro de 2023, a OpenAI anunciou o DALL-E 3, realçando a sua capacidade melhorada de compreender pedidos complexos com maior precisão, gerando imagens mais coerentes, e a integração com o ChatGPT.Topo do Formulário

Arte e criatividade

• RunwayML: O Runway é um software de edição de vídeo que utiliza a aprendizagem automática (ML) e a inteligência artificial para simplificar a edição de vídeo para uma vasta gama de utilizadores. O seu objetivo é fornecer um "canivete suíço" de aplicações de aprendizagem automática acessíveis com apenas alguns cliques, para artistas, designers, realizadores e utilizadores comuns. O Runway ML melhora a edição de vídeo com funcionalidades como o mascaramento, a correção de cor, a compostagem, a geração e o VFX. As ferramentas notáveis incluem rotoscopia, Inpainting para efeitos de ecrã verde, rastreio automático do movimento de objectos, geração de fotogramas para uma câmara lenta suave e criação de imagens com IA. A plataforma suporta um formato de fluxo de vídeo multibanda, oferecendo análise avançada gerada por IA, metadados e mapas de profundidade precisos para visuais realistas. Além disso, a Runway ML inclui uma funcionalidade de fluxo ótico para reconhecimento de padrões e análise de movimentos relativos para simplificar as tarefas de edição com um esforço mínimo. Esta plataforma permite que artistas e criadores utilizem modelos pré-treinados para vários projectos criativos, como a geração de arte, música e animações, sem a necessidade de conhecimentos extensivos de programação.

• Artbreeder: Permite aos utilizadores criar e expandir imagens únicas, misturando e modificando as antigas. Utiliza uma rede adversária generativa (GAN) para criar composições visualmente atraentes e originais. Artbreeder é uma plataforma de criação de imagens baseada na nuvem que utiliza algoritmos avançados de IA para a geração e edição de imagens. A sua interface de fácil utilização destina-se a utilizadores de todos os níveis de competências e utiliza técnicas de aprendizagem profunda para combinar imagens de um vasto conjunto de dados, produzindo resultados únicos. A ferramenta oferece vantagens como a geração de imagens com IA, conversão de texto em imagem, personalização e recursos de colaboração. No entanto, tem limitações, incluindo a sua dependência de uma base de dados para a variedade de imagens, capacidades de edição limitadas em comparação com ferramentas especializadas e potenciais preocupações sobre preços e limitações de armazenamento para utilizadores com restrições orçamentais.

Geração de código

• GitHub Copilot: O GitHub Copilot é uma ferramenta de IA baseada em nuvem desenvolvida pelo GitHub que aprimora a experiência de codificação, oferecendo sugestões de código de estilo completo automático para facilitar a escrita de código mais rápida. Ao analisar o contexto do seu arquivo e arquivos vinculados, o Copilot fornece sugestões de codificação instantâneas diretamente no seu editor de texto. Esta ferramenta está disponível como um addon para ambientes de desenvolvimento integrado (IDEs) populares, tais como Visual Studio Code, Neovim, JetBrains e Visual Studio, tornando-o acessível a uma vasta gama de programadores. Alimentado pelo OpenAI's Codex (um modelo irmão do GPT-3), o GitHub Copilot é uma ferramenta de IA integrada nos editores de código que ajuda os programadores sugerindo trechos de código e até funções inteiras com base em descrições de linguagem natural.

Vídeo e animação

•RunwayML (novamente): Para além da geração de imagens, o RunwayML suporta modelos para processamento e animação de vídeo, permitindo aos utilizadores aplicar técnicas de IA para melhorar ou manipular vídeos.

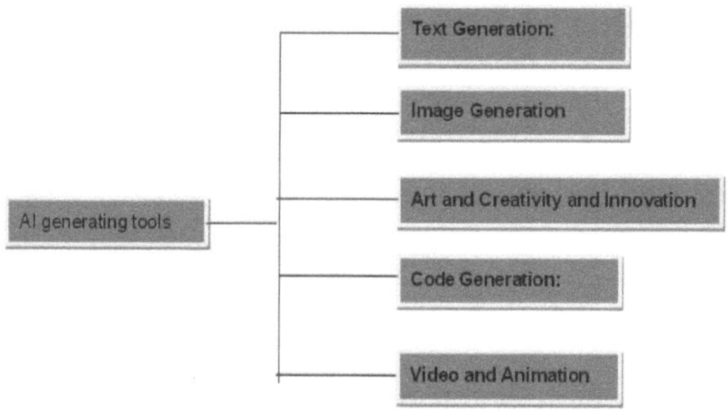

Fig. CATEGORIZAÇÃO DAS FERRAMENTAS DE GERAÇÃO DE IA

A IA na educação

No modelo educativo da IA, o modelo do aluno é crucial para melhorar a aprendizagem autónoma. É desenvolvido utilizando dados comportamentais do processo de aprendizagem, analisando o pensamento e as capacidades dos alunos para avaliar as suas capacidades de aprendizagem. A análise do conhecimento é então mapeada para determinar o domínio dos alunos. O modelo do aluno estabelece ligações entre os resultados da aprendizagem e vários factores, tais como materiais, recursos e comportamentos de ensino[4]. O modelo de conhecimento cria um mapa de estrutura com conteúdo de aprendizagem detalhado, incluindo conhecimento especializado, erros comuns e mal-entendidos. Ao combinar o modelo do campo de conhecimento e o modelo do aluno, o modelo de ensino estabelece regras de acesso ao campo de conhecimento, permitindo aos formadores personalizar as estratégias de ensino. À medida que a educação evolui, os alunos tendem a apresentar um comportamento positivo, a tomar medidas ou a procurar ajuda. O sistema de IA está preparado para oferecer assistência com base nas teorias de ensino incorporadas no modelo de tutoria.

A interface do utilizador interpreta o desempenho dos alunos através de vários meios de entrada (voz, digitação e cliques) e fornece resultados sob a forma de textos, figuras, desenhos animados e agências[5]. Uma interface homem-máquina avançada inclui funções relacionadas com a IA, como a interação em linguagem natural, o reconhecimento da fala e a deteção das emoções dos alunos.

Papéis da Inteligência Artificial na Educação

- Sistema educativo automatizado baseado na IA

No sistema educativo, actividades morosas como a classificação de testes e trabalhos de casa podem ser automatizadas através da Inteligência Artificial (IA). Embora as ferramentas de IA sejam competentes na automatização da classificação de perguntas de escolha múltipla e de avaliações de preenchimento de espaços em branco, estão a progredir no sentido de lidar com respostas escritas. Embora a IA não possa substituir totalmente a correção humana, a sua melhoria contínua permite que os professores recuperem tempo valioso. Ao automatizar estas tarefas, os educadores podem redirecionar os seus esforços para interacções mais significativas com os alunos, resolvendo erros, introduzindo novos conceitos e melhorando o envolvimento geral na sala de aula.

- Feedback útil para alunos e professores com programas orientados para a IA

A IA desempenha um papel duplo na educação, adaptando os cursos às necessidades individuais dos alunos e fornecendo um feedback valioso tanto aos alunos como aos professores. Alguns fornecedores de cursos em linha utilizam sistemas de IA baseados no feedback para analisar o progresso dos alunos e alertar os professores para problemas críticos de desempenho. Estes sistemas baseados em IA oferecem aos estudantes um apoio personalizado, enquanto os professores obtêm informações sobre as áreas que necessitam de ser melhoradas nos seus métodos de ensino. O feedback instantâneo aos alunos aumenta a sua compreensão dos erros e orienta-os para a melhoria. Em última análise, a IA contribui para uma experiência de aprendizagem mais personalizada e eficaz para os alunos e ajuda os educadores a aperfeiçoar as suas estratégias de ensino.

• Descubra a melhoria com a IA

No sistema educativo, identificar as lacunas de aprendizagem é um desafio devido ao tempo de ensino limitado e à incapacidade dos professores para identificar as áreas de confusão dos alunos. Os programas orientados para a IA, exemplificados por plataformas como o Coursera, resolvem este problema fornecendo feedback em tempo real. Por exemplo, se muitos alunos enviarem respostas incorrectas a um trabalho de casa, o sistema alerta o professor e oferece aos futuros alunos dicas personalizadas para a resposta correcta. Estes programas preenchem ativamente as lacunas de aprendizagem, garantindo que cada aluno compreende os conceitos com sucesso. A IA permite um feedback imediato e gerado pelo sistema para os alunos, ajudando-os a compreender conceitos, a reconhecer erros e a aprender a abordagem correcta sem esperar pelo feedback dos professores.

BENEFÍCIOS DA ID PARA OS ESTUDANTES

A Inteligência Artificial (IA) oferece várias vantagens aos estudantes em vários aspectos da educação.

[5] Eis algumas das principais vantagens:

Aprendizagem personalizada

A IA pode adaptar as experiências educativas às necessidades individuais dos alunos, adaptando o ritmo e o conteúdo das aulas aos seus estilos de aprendizagem. Desta forma, os alunos recebem apoio específico em áreas em que podem ter dificuldades e podem progredir ao seu próprio ritmo.

Plataformas de aprendizagem adaptativa:

As plataformas de aprendizagem adaptativa baseadas em IA utilizam algoritmos para analisar o desempenho de um aluno e ajustar o currículo em conformidade. Isto ajuda a colmatar as lacunas de conhecimento e a desafiar os alunos com materiais mais avançados quando estão preparados.

Acessibilidade 24/7:

plataformas e recursos de aprendizagem em linha que estão disponíveis 24 horas por dia, 7 dias por semana. Os alunos podem aceder a materiais e recursos educativos em qualquer altura, permitindo horários de aprendizagem flexíveis que se adaptam a diferentes preferências de aprendizagem e fusos horários.

Classificação automatizada: A IA pode automatizar o processo de classificação de trabalhos e exames, fornecendo um feedback mais rápido aos alunos. Isto não só poupa tempo aos educadores, como também permite que os alunos recebam feedback imediato, ajudando-os a compreender os seus erros e a melhorar mais rapidamente.

Assistentes e tutores virtuais: Os assistentes e tutores virtuais alimentados por IA podem prestar apoio adicional aos alunos, respondendo a perguntas, oferecendo explicações e fornecendo orientação sobre vários tópicos. Estas ferramentas podem complementar os métodos de ensino tradicionais e melhorar a experiência de aprendizagem.

Descoberta de recursos melhorada: Os algoritmos de IA podem ajudar os alunos a descobrir recursos educativos relevantes, incluindo artigos, vídeos e trabalhos de investigação, com base nos seus interesses e necessidades académicas. Isto pode contribuir para uma experiência de aprendizagem mais abrangente e cativante.

Aprendizagem de línguas: As aplicações de aprendizagem de línguas baseadas em IA podem oferecer um ensino personalizado das línguas, adaptando-se às necessidades individuais e aos níveis de proficiência dos alunos. Estas ferramentas incorporam frequentemente o reconhecimento de voz e o processamento de linguagem natural para melhorar a aquisição de línguas.

Experiências de aprendizagem inovadoras: As tecnologias de realidade virtual (RV) e de realidade aumentada (RA), frequentemente alimentadas por IA, podem criar experiências de aprendizagem imersivas e interactivas. Estas tecnologias podem dar vida a conceitos abstractos e envolver os alunos de uma forma que os métodos tradicionais não conseguem.

Análise de dados para obter informações sobre educação: A IA pode analisar grandes conjuntos de dados educativos para identificar tendências e padrões, ajudando os educadores a tomar decisões informadas sobre a conceção de currículos, métodos de ensino e intervenções nos alunos. Esta abordagem orientada para os dados pode conduzir a melhorias contínuas no sistema educativo.

Preparação para carreiras futuras: A IA está a tornar-se cada vez mais prevalecente no mercado de trabalho. Os estudantes que estiverem familiarizados com as tecnologias e conceitos de IA estarão mais bem preparados para o futuro mercado de trabalho. A exposição à IA no ensino pode dotar os alunos de competências valiosas que são relevantes numa sociedade orientada para a tecnologia.

O ÂMBITO DA INTELIGÊNCIA ARTIFICIAL

O âmbito da Inteligência Artificial (IA) é vasto e está em constante expansão em diversas indústrias e domínios. Trata-se de um domínio dinâmico com aplicações em evolução impulsionadas pelos avanços tecnológicos. Prevê-se que a maturação das tecnologias de IA tenha um impacto mais amplo na vida quotidiana e contribua para inovações em vários sectores. No entanto, as considerações éticas, as questões de privacidade e as práticas de desenvolvimento responsáveis são vitais para garantir o crescimento positivo e sustentável da IA.

Eis algumas áreas-chave em que a IA tem um impacto significativo e tem potencial para um maior crescimento:

1. Cuidados de saúde:

• A IA é utilizada para análise de imagens médicas, diagnósticos e planos de tratamento personalizados.

• A análise preditiva ajuda a identificar potenciais problemas de saúde e a melhorar os resultados dos doentes.

• O processamento de linguagem natural (PLN) é utilizado para processar a literatura médica e ajudar na documentação clínica.

2. Finanças:

• A IA é utilizada para negociação algorítmica, deteção de fraudes e gestão de riscos no sector financeiro.

• Os chatbots e os assistentes virtuais melhoram o serviço ao cliente e simplificam as tarefas financeiras de rotina.

3. Formação académica:

• A IA permite experiências de aprendizagem personalizadas através de plataformas de aprendizagem adaptativas.

• Os tutores virtuais e os chatbots educativos prestam apoio adicional aos estudantes.

• A análise ajuda os educadores a avaliar o desempenho dos alunos e a adaptar os métodos de ensino. 4. veículos autónomos:

• o desenvolvimento de automóveis autónomos e de veículos autónomos utiliza a IA.

• Os algoritmos de aprendizagem automática processam os dados dos sensores para tomar decisões de condução em tempo real.

5. Retalho:

• Previsão da procura, gestão de stocks e marketing personalizado.

• Chatbots e assistentes virtuais melhoram as interacções com os clientes e fornecem recomendações.

6. Fabrico:

• A automatização baseada na IA melhora a eficiência dos processos de fabrico.

• A manutenção preditiva ajuda a evitar falhas no equipamento e tempo de inatividade.

7. Cibersegurança:

• A IA ajuda a identificar e a responder às ciberameaças em tempo real.

• Os algoritmos de aprendizagem automática analisam padrões para detetar comportamentos anómalos e potenciais violações de segurança.

8. Processamento de linguagem natural (PNL):

• A PNL é utilizada em assistentes virtuais, chatbots e serviços de tradução de línguas.

• A análise de sentimentos ajuda as empresas a compreender as opiniões e o feedback dos clientes. 9.Robótica:

• A IA desempenha um papel vital no desenvolvimento de sistemas robóticos para várias aplicações, incluindo fabrico, cuidados de saúde e exploração.

10. Entretenimento:

• É basicamente utilizado em sistemas de recomendação para serviços de streaming.

• As personagens virtuais e os adversários do jogo são alimentados por algoritmos de IA.

11. Recursos Humanos:

• A IA ajuda na seleção de currículos, na correspondência de candidatos e na automatização de tarefas de rotina de RH.

• A análise preditiva ajuda no planeamento da força de trabalho e na retenção de funcionários.

12. Ciência do clima:

• A IA é utilizada para analisar dados climáticos, prever padrões meteorológicos e estudar o impacto das alterações climáticas.

13. Agricultura:

• Utilizado para agricultura de precisão, monitorização e controlo de culturas e previsão.

• Os drones equipados com IA contribuem para a recolha de dados agrícolas.

14. Tradução de línguas:

• Os serviços de tradução linguística com recurso à IA estão a tornar-se cada vez mais precisos e acessíveis Energia:

• A IA é utilizada para otimizar o consumo de energia, prever falhas no equipamento e gerir redes inteligentes.

O RISCO ASSOCIADO À INTELIGÊNCIA ARTIFICIAL

A Inteligência Artificial (IA) oferece inúmeros benefícios, mas também apresenta vários riscos e desafios. [Para fazer face a estes riscos, é necessária uma combinação de avanços técnicos, considerações éticas e quadros regulamentares sólidos. Os programadores, os decisores políticos e a comunidade em geral têm de trabalhar em colaboração para garantir que a IA é desenvolvida e implementada de forma responsável, privilegiando a equidade, a transparência e a responsabilidade. A investigação e o diálogo contínuos são essenciais para nos mantermos à frente dos desafios emergentes no panorama da IA. Eis os principais domínios em que se incluem os riscos associados à IA:

1. Equidade:

• Os preconceitos estão nos dados de formação, conduzindo a resultados discriminatórios.

• Algoritmos inexactos ou tendenciosos podem resultar num tratamento injusto de certos indivíduos ou grupos.

2. Falta de transparência:

• Muitos modelos de IA, especialmente modelos complexos de aprendizagem profunda, funcionam como "caixas negras", o que dificulta a compreensão dos seus processos de tomada de decisão.

• A falta de transparência pode impedir a responsabilização e dificultar a resolução de problemas como a parcialidade.

3. Preocupações com a segurança:

• Os sistemas de IA podem ser vulneráveis a ataques, incluindo ataques adversários que manipulam os dados de entrada para enganar o sistema.

• A utilização maliciosa da IA, como a criação de deepfakes, suscita preocupações quanto à desinformação e às ciberameaças.

4. Deslocação do emprego:

• A automatização impulsionada pelas tecnologias de IA tem o potencial de substituir certos empregos, conduzindo ao desemprego e a mudanças no mercado de trabalho.

• Alguns argumentam que podem surgir novas oportunidades de emprego, mas a transição pode ser difícil para os trabalhadores afectados.

5. Preocupações éticas:

• As considerações éticas surgem quando a IA é utilizada em aplicações como armas autónomas, vigilância ou tomada de decisões com um impacto social significativo.

• As decisões da IA podem não estar de acordo com os valores humanos.

6. Questões de privacidade:

• Os sistemas de IA requerem frequentemente o acesso a grandes quantidades de dados para formação e tomada de decisões.

• A adoção de medidas de privacidade inadequadas pode levar à utilização indevida de informações pessoais e comprometer a privacidade das pessoas.

7. Regulamentação inadequada:

• O rápido desenvolvimento da IA ultrapassou o estabelecimento de regulamentos abrangentes.

• Regulamentos inconsistentes ou insuficientes podem resultar em desafios éticos e legais.

8. Fiabilidade e responsabilidade:

• Os sistemas de IA podem cometer erros e o seu desempenho pode ser influenciado por factores inesperados.

• Determinar a responsabilidade quando os sistemas de IA falham ou tomam decisões incorrectas pode ser um desafio.

9. Exacerbação das desigualdades:

• O acesso às tecnologias de IA e os benefícios delas decorrentes podem não ser distribuídos de forma equitativa, conduzindo a um aumento das disparidades entre os diferentes grupos socioeconómicos.

10. Consequências imprevistas:

• Os sistemas de IA podem ter consequências imprevistas, especialmente quando implantados em ambientes complexos e dinâmicos.

• Podem surgir resultados imprevistos em resultado das interacções do sistema com o seu ambiente.

11. Segurança e integridade dos dados:

• Os sistemas de IA dependem de grandes conjuntos de dados e é crucial garantir a segurança e a integridade desses conjuntos de dados.

• As violações ou adulterações de dados podem comprometer a fiabilidade e o desempenho dos modelos de IA.

Preocupação com a privacidade

É necessário um quadro jurídico abrangente e atualizado que dê prioridade e salvaguarde os direitos individuais à privacidade no contexto das transacções electrónicas e da navegação na Internet. As leis federais e estaduais existentes podem não estar a acompanhar os rápidos avanços tecnológicos e as quantidades crescentes de dados pessoais gerados e tratados. Para esse efeito, são utilizadas várias abordagens de segurança, como as abordagens de segurança baseadas na tecnologia iot [8] e na criptografia [10], bem como abordagens de cifragem de imagens [9].

O argumento de que a eficiência e as considerações de custo-benefício justificam compromissos em matéria de privacidade levanta questões éticas, uma vez que implica que a privacidade é negociável e pode ser trocada por conveniência ou ganhos económicos. A privacidade deve ser considerada como um direito fundamental que exige uma forte proteção jurídica e não como uma mercadoria sujeita a transação.

Para responder a estas preocupações e defender o direito à privacidade, os legisladores devem trabalhar no sentido de aprovar ou atualizar legislação que reflicta o atual panorama tecnológico [6]. Isto inclui o estabelecimento de orientações claras para a recolha, armazenamento e partilha de dados pessoais, bem como sanções rigorosas em caso de violação. Além disso, devem ser promovidas a sensibilização e a educação do público para a privacidade digital, a fim de permitir que os indivíduos façam escolhas informadas sobre as suas actividades em linha.

Além disso, é crucial um esforço de colaboração entre organismos governamentais, empresas de tecnologia e grupos de defesa para garantir que as medidas de proteção da privacidade sejam eficazes e adaptáveis às tecnologias em evolução. Ao participar ativamente no debate em torno da privacidade digital e ao promulgar legislação que reflicta a importância da privacidade como um direito fundamental, os Estados Unidos podem trabalhar no sentido de criar um ambiente digital mais seguro e respeitador da privacidade para os seus cidadãos.

As ferramentas de geração de IA podem evoluir para se tornarem mais criativas e inovadoras nos seus resultados. Isto poderá implicar a geração de conteúdos que vão para além da informação factual e incorporam elementos de criatividade, imaginação e resolução de problemas. A IA poderá ser capaz de ajudar a gerar conteúdos artísticos, soluções de design e muito mais. Espera-se que os sistemas NLU apresentem capacidades de aprendizagem contínua, permitindo-lhes adaptar-se à evolução da utilização da língua, a novos termos e a mudanças de contexto ao longo do tempo. Esta adaptabilidade contribui para a capacidade do sistema de se manter relevante e eficaz em ambientes linguísticos dinâmicos. As ferramentas de geração de IA podem tornar-se mais competentes no tratamento de entradas e saídas multimodais. Isto inclui a criação de conteúdos que combinem texto, imagens e, possivelmente, até elementos de áudio ou vídeo sem problemas. Isto poderá ter aplicações em domínios como a criação de conteúdos, a realidade virtual e a realidade aumentada. No futuro, poder-se-á dar mais ênfase aos esforços de colaboração entre os seres humanos e a IA. As ferramentas geradoras de IA poderão ser concebidas para trabalhar em conjunto com os seres humanos, aumentando as suas capacidades em vez de as substituir. Esta abordagem colaborativa poderá conduzir a resultados mais sinérgicos e eficazes [7]. Dada a atual trajetória da investigação em IA, é provável que as futuras ferramentas geradoras de IA beneficiem dos avanços contínuos na aprendizagem profunda e nas arquitecturas das redes neuronais. As ferramentas de geração de IA podem tornar-se mais especializadas em domínios ou sectores específicos. Em vez de serem de uso geral, estas ferramentas poderão ser treinadas para se destacarem na geração de conteúdos, conhecimentos ou soluções num determinado domínio, como a medicina, as finanças ou a investigação científica.

É importante notar que o desenvolvimento e a implantação de tecnologias de IA também suscitam considerações de carácter ético e social. Encontrar um equilíbrio entre a inovação tecnológica e a responsabilidade ética será crucial à medida que as ferramentas geradoras de IA continuarem a evoluir. Além disso, a investigação em curso e o discurso público irão moldar os quadros regulamentares que regem as aplicações de IA em vários domínios.

Ciclo de conhecimento da IA

O ciclo de conhecimento da IA é iterativo, com o sistema a aprender continuamente com novos dados e a aperfeiçoar o seu conhecimento e comportamento ao longo do tempo. A integração perfeita da perceção, da aprendizagem, da representação do conhecimento, do raciocínio, do planeamento e da execução permite que um sistema de IA se adapte e responda de forma inteligente a uma vasta gama de tarefas e situações. O ciclo de conhecimento da IA envolve uma série de processos interligados através dos quais um sistema de inteligência artificial pode exibir um comportamento inteligente. Segue-se uma análise dos principais componentes do ciclo de conhecimento da IA:

Perceção:

Esta é a fase inicial em que o sistema de IA recolhe dados do mundo exterior através de vários sensores ou dispositivos de entrada. A perceção envolve a interpretação de informações sensoriais, como imagens, sons ou texto, para formar uma representação que o sistema de IA possa compreender.

Aprender:

As técnicas de aprendizagem automática, incluindo a aprendizagem supervisionada e não supervisionada, são frequentemente utilizadas para permitir que o sistema de IA melhore o seu desempenho ao longo do tempo com base na experiência.

Representação do conhecimento e raciocínio:

Depois de o sistema de IA ter aprendido com os dados, precisa de uma forma de armazenar e organizar os conhecimentos adquiridos. A representação do conhecimento envolve a estruturação da informação num formato que o sistema de IA pode utilizar para raciocinar e tomar decisões. O raciocínio refere-se à capacidade do sistema de IA para tirar inferências lógicas do conhecimento armazenado para tomar decisões informadas.

Planeamento:

O planeamento é o processo pelo qual o sistema de IA determina uma sequência de acções ou passos para atingir um objetivo específico. Com base nos conhecimentos que adquiriu e na sua compreensão da situação atual, o sistema de IA formula um plano para realizar tarefas de forma eficiente.

Execução:

Na fase de execução, o sistema de IA executa as acções planeadas para alcançar o resultado desejado, o que pode implicar a interação com o ambiente, a manipulação de objectos ou a geração de respostas em linguagem natural.

1. Inteligência Artificial (IA):

• A IA refere-se à simulação da inteligência humana em máquinas que são programadas para imitar acções humanas, como a aprendizagem, o raciocínio, a resolução de problemas e a tomada de decisões. Abrange uma vasta gama de técnicas, incluindo o ML e o DL, bem como outros métodos como os sistemas especializados, o processamento de linguagem natural e a robótica.

2. Aprendizagem automática (ML):

O ML é um subconjunto da IA que se centra no desenvolvimento de algoritmos que permitem aos computadores aprender a partir dos dados e fazer previsões ou tomar decisões sem serem explicitamente programados. Os algoritmos de ML aprendem padrões e relações a partir dos dados através do treino, onde melhoram iterativamente o seu desempenho numa tarefa específica. As técnicas de ML incluem a aprendizagem supervisionada, a aprendizagem não supervisionada, a aprendizagem semi-supervisionada e a aprendizagem por reforço.

3. Aprendizagem profunda (DL):

O DL é um subconjunto do ML que se centra especificamente em redes neuronais com várias camadas (daí o termo "profundo"), permitindo que os modelos aprendam representações hierárquicas dos dados. Os algoritmos de DL descobrem e aprendem automaticamente características a partir de dados brutos, eliminando a necessidade de engenharia manual de características. As redes neurais profundas (DNN) são capazes de aprender padrões e representações complexas, o que as torna particularmente eficazes para tarefas como o reconhecimento de imagens e de voz.

Em resumo, a IA é o domínio abrangente que engloba várias técnicas e abordagens destinadas a imitar a inteligência humana. O ML é um subconjunto da IA que se centra em algoritmos que aprendem a partir de dados para fazer previsões ou tomar decisões. O DL, por sua vez, é um subconjunto do ML que utiliza especificamente redes neurais profundas para aprender representações complexas de dados. Cada um destes domínios desempenha um papel crucial no avanço da tecnologia e na resolução de problemas do mundo real.

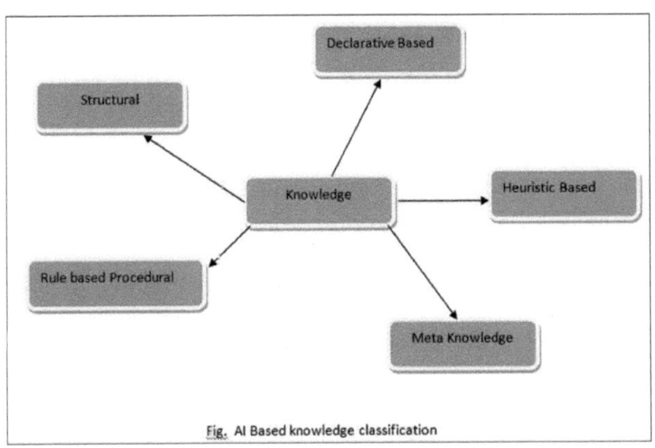

Fig. AI Based knowledge classification

AS FERRAMENTAS DE GERAÇÃO DE IA SURGIRAM COMO TECNOLOGIAS TRANSFORMADORAS

As ferramentas de geração de inteligência artificial (IA) surgiram como tecnologias transformadoras em vários domínios, revolucionando a forma como os conteúdos, as informações e os resultados são criados. Estas ferramentas utilizam algoritmos avançados de aprendizagem automática, técnicas de processamento de linguagem natural (PNL) e outras tecnologias de IA para gerar diversas formas de conteúdo com uma eficiência e eficácia notáveis. Uma categoria proeminente de ferramentas de geração de IA são os sistemas de geração de linguagem natural (NLG), que são capazes de gerar autonomamente texto semelhante ao humano com base em dados ou instruções de entrada. Os sistemas NLG analisam e interpretam dados estruturados ou não estruturados, extraindo informações relevantes e transformando-as em narrativas ou relatórios escritos coerentes. Esta capacidade encontra aplicações no jornalismo, na criação de conteúdos, na geração automática de relatórios e na comunicação personalizada.

As ferramentas de geração de IA vão além dos conteúdos baseados em texto e abrangem a criação de conteúdos multimédia. As redes adversariais generativas (GAN), uma classe de modelos de aprendizagem profunda, são particularmente notáveis a este respeito. As GAN consistem em duas redes neurais - um gerador e um discriminador - que trabalham em conjunto para produzir imagens, vídeos ou amostras de áudio realistas. Ao aprender com vastos conjuntos de dados, as GANs podem gerar obras de arte visualmente apelativas, fotografias realistas e até vídeos deepfake que imitam comportamentos e expressões humanas. Embora as GAN ofereçam possibilidades criativas sem precedentes, também suscitam preocupações éticas relativamente à utilização incorrecta do conteúdo gerado para fins enganadores ou maliciosos. Os sistemas NLG e as GAN, ferramentas de geração de IA, incluem aplicações na composição musical, geração de código e automatização de projectos. As ferramentas de composição musical alimentadas por IA analisam padrões em composições musicais existentes para gerar melodias, harmonias e ritmos originais. Estas ferramentas permitem aos músicos explorar novas direcções criativas e ultrapassar o bloqueio do compositor, fornecendo fontes de inspiração infinitas. Do mesmo modo, as ferramentas de geração de código baseadas em IA aproveitam os algoritmos de aprendizagem automática para automatizar as tarefas de desenvolvimento de software, como a escrita de fragmentos de código, a depuração e a otimização do desempenho. Ao acelerar o processo de codificação e aumentar a produtividade, estas ferramentas permitem que os programadores se concentrem em tarefas de resolução de problemas de nível superior.

Além disso, as ferramentas de geração de IA desempenham um papel fundamental na automatização do design em vários sectores, incluindo a arquitetura, o design gráfico e a engenharia industrial. As ferramentas de automatização do design utilizam algoritmos de IA para gerar esquemas, plantas e protótipos com base em critérios e restrições especificados. Por exemplo, as ferramentas de design arquitetónico baseadas em IA podem gerar designs de edifícios que optimizam a eficiência energética, a utilização do espaço e a integridade estrutural. Ao simplificar o processo de conceção e ao permitir uma prototipagem rápida, estas ferramentas facilitam a inovação e aumentam a eficiência dos ciclos de desenvolvimento de produtos.

Apesar dos inúmeros benefícios oferecidos pelas ferramentas de geração de IA, estas também colocam desafios e considerações relacionados com a ética, a parcialidade e a responsabilidade. A natureza autónoma dos conteúdos gerados por IA levanta questões sobre a autoria, a propriedade e os direitos de propriedade intelectual. Além disso, o potencial de enviesamento algorítmico e de desinformação exige uma validação e supervisão cuidadosas para garantir a exatidão e a justiça do conteúdo gerado. Além disso, a utilização de ferramentas geradoras de IA em domínios sensíveis, como os cuidados de saúde e as finanças, exige o cumprimento de normas regulamentares e orientações éticas para salvaguardar a privacidade e atenuar os riscos.

Para fazer face a estes desafios, os investigadores e profissionais defendem o desenvolvimento e a aplicação responsáveis de ferramentas geradoras de IA, dando ênfase à transparência, à responsabilidade e à inclusão. Foram propostos quadros e directrizes éticos para promover a utilização responsável das tecnologias de IA e atenuar os potenciais danos. Além disso, os esforços de investigação em curso centram-se no desenvolvimento de técnicas de IA explicável (XAI) para melhorar a interpretabilidade e a fiabilidade dos resultados gerados pela IA. Os métodos XAI visam fornecer informações sobre os processos de tomada de decisão subjacentes aos modelos de IA, permitindo que as partes interessadas compreendam, examinem e abordem questões relacionadas com a parcialidade, a equidade e a responsabilidade. As ferramentas de geração de IA representam uma mudança de paradigma na criação de conteúdos e no tratamento da informação, tirando partido de tecnologias avançadas de IA para automatizar e melhorar as tarefas criativas em diversos domínios. Desde a geração de linguagem natural até à criação de conteúdos multimédia, composição musical, geração de código e automatização do design, estas ferramentas oferecem capacidades e oportunidades de inovação sem precedentes. No entanto, a sua adoção generalizada também suscita considerações éticas, jurídicas e sociais que exigem uma deliberação cuidadosa e uma supervisão regulamentar. Ao adotar práticas de IA responsáveis e ao promover a colaboração entre as partes interessadas, podemos aproveitar o potencial transformador das ferramentas de geração de IA, garantindo simultaneamente resultados éticos e equitativos para a sociedade.

A INTERNET DAS COISAS (IOT) E AS FERRAMENTAS GERADORAS DE IA

A relação entre a Internet das Coisas (IoT) e as ferramentas geradoras de IA é simbiótica, promovendo um ecossistema dinâmico de dispositivos interligados e sistemas inteligentes que, coletivamente, melhoram a eficiência, a automatização e a tomada de decisões em vários domínios. Na intersecção entre a IoT e a IA, os dados gerados pelos dispositivos IoT servem como contributos valiosos para as ferramentas geradoras de IA, permitindo-lhes obter conhecimentos, fazer previsões e gerar resultados accionáveis em tempo real. Por outro lado, as tecnologias de IA capacitam os dispositivos IoT com capacidades avançadas de análise de dados, reconhecimento de padrões e tomada de decisões autónomas, abrindo assim novas oportunidades de inovação e otimização em aplicações IoT.

Um aspeto fundamental da relação entre a IoT e as ferramentas geradoras de IA é a aquisição e o processamento de dados. Os dispositivos IoT, equipados com sensores e actuadores, recolhem grandes quantidades de dados do ambiente físico, desde leituras de temperatura e humidade até à deteção de movimentos e níveis de poluição ambiental. Estes dados são transmitidos para plataformas de computação centralizadas ou distribuídas, onde as ferramentas geradoras de IA os analisam e interpretam para extrair padrões, tendências e anomalias significativos. Por exemplo, em aplicações para cidades inteligentes, os sensores IoT implantados em toda a infraestrutura urbana geram dados em tempo real sobre o fluxo de tráfego, a qualidade do ar e o consumo de energia, que os algoritmos de IA podem analisar para otimizar a gestão do tráfego, reduzir a poluição e melhorar a atribuição de recursos.

Além disso, as ferramentas geradoras de IA melhoram a inteligência e a autonomia dos dispositivos IoT, permitindo-lhes realizar tarefas complexas e adaptar-se às condições ambientais em mudança sem intervenção humana. Os algoritmos de aprendizagem automática, implementados em dispositivos de computação periférica ou em servidores na nuvem, podem processar dados de sensores em tempo real para identificar padrões, prever resultados futuros e desencadear respostas automatizadas. Por exemplo, em aplicações industriais IoT (IIoT), os sistemas de manutenção preditiva alimentados por IA analisam dados de sensores de máquinas para antecipar falhas de equipamento e programar uma manutenção proactiva, minimizando o tempo de inatividade e optimizando a eficiência da produção.

Além disso, a integração de ferramentas geradoras de IA com a IoT permite o desenvolvimento de sistemas inteligentes que podem aprender e melhorar ao longo do tempo através de feedback e adaptação contínuos. Os algoritmos de aprendizagem por reforço, um subconjunto da aprendizagem automática, permitem que os dispositivos IoT interajam com o seu ambiente, recebam feedback sobre as suas acções e ajustem o seu comportamento em conformidade para atingir objectivos predefinidos. Esta capacidade é particularmente valiosa em sistemas autónomos, como veículos de condução autónoma e robôs inteligentes, em que os algoritmos de IA aprendem com a experiência a navegar em ambientes complexos e a executar tarefas com maior eficiência e segurança.

Para além de melhorar a eficiência operacional e a automação, a sinergia entre a IoT e as ferramentas geradoras de IA facilita o desenvolvimento de aplicações inovadoras nos cuidados de saúde, na agricultura, na monitorização ambiental e noutros domínios. Nos cuidados de saúde, os dispositivos IoT portáteis equipados com sensores biométricos podem recolher dados fisiológicos em tempo real dos pacientes, que os algoritmos de IA analisam para detetar sinais precoces de problemas de saúde, personalizar planos de tratamento e melhorar os resultados dos pacientes. Do mesmo modo, na agricultura de precisão, os sensores IoT instalados nos campos recolhem dados sobre a humidade do solo, os níveis de nutrientes e a saúde das culturas, que as ferramentas geradoras de IA utilizam para otimizar os programas de irrigação, a aplicação de fertilizantes e as medidas de controlo de pragas, aumentando assim o rendimento das culturas e reduzindo o impacto ambiental.

No entanto, a convergência de ferramentas geradoras de IoT e IA também apresenta desafios e considerações relacionadas com a privacidade, a segurança e a utilização ética dos dados. A proliferação de dispositivos IoT aumenta a superfície de ataque das ciberameaças, colocando em risco a confidencialidade, a integridade e a disponibilidade dos dados. Além disso, a utilização de algoritmos de IA para a tomada de decisões suscita preocupações quanto à transparência, à responsabilidade e à equidade, em especial em aplicações de alto risco, como os veículos autónomos e os diagnósticos de saúde. A resposta a estes desafios exige abordagens holísticas que dêem prioridade aos princípios da privacidade desde a conceção, a medidas robustas de cibersegurança e a orientações éticas para o desenvolvimento e a implantação da IA.

Em conclusão, a relação entre a IoT e as ferramentas geradoras de IA tem um imenso potencial para transformar indústrias, melhorar a qualidade de vida e abordar desafios sociais complexos. Ao aproveitar a sinergia entre os dados gerados pela IoT e a análise orientada pela IA, as organizações podem desbloquear conhecimentos accionáveis, otimizar a utilização de recursos e impulsionar a inovação à escala. No entanto, para obter todos os benefícios desta convergência, é necessário enfrentar desafios técnicos, regulamentares e éticos para garantir a implementação responsável e equitativa de soluções IoT baseadas em IA. Através de esforços de colaboração entre as partes interessadas da indústria, do meio académico e do governo, podemos aproveitar o poder transformador das ferramentas geradoras de IoT e IA para criar um futuro mais inteligente e sustentável para as gerações vindouras.

• Segmentação de clientes: Utilizando a análise dos dados dos clientes[20], as empresas podem determinar vários segmentos de clientes para adaptarem as suas estratégias de marketing em conformidade. A segmentação de clientes é o processo de dividir uma base de clientes em grupos de indivíduos que são semelhantes em aspectos específicos relevantes para o marketing, como a demografia, o comportamento, as preferências ou as necessidades. Ao segmentar os clientes, as empresas podem adaptar os seus esforços e ofertas de marketing para melhor satisfazer as necessidades e preferências dos diferentes grupos de clientes [19]. Segue-se um resumo dos pontos-chave sobre a segmentação de clientes. A segmentação de clientes permite que as empresas compreendam melhor os seus clientes e os direccionem de forma mais eficaz. Ao agrupar clientes com características semelhantes, as empresas podem criar campanhas de marketing, produtos e serviços mais personalizados.

• Recomendações de produtos: Os retalhistas em linha podem utilizar dados de compras anteriores e hábitos de navegação para sugerir produtos relevantes aos clientes. No domínio da inteligência de dados, as recomendações de produtos giram normalmente em torno de ferramentas e plataformas de software concebidas para ajudar as empresas a extrair conhecimentos, tomar decisões baseadas em dados e otimizar processos. As plataformas de Business Intelligence (BI) fornecem ferramentas de consulta, elaboração de relatórios e análise de dados para ajudar as empresas a tomar decisões informadas. Procure plataformas como Tableau, Power BI e Qlik View, que oferecem interfaces fáceis de utilizar e capacidades de visualização robustas. As ferramentas de visualização de dados centram-se na criação de representações visuais interactivas e perspicazes dos dados. Para além do Tableau e do Power BI, pode considerar ferramentas como o Domo, o Sisense ou o Looker, que oferecem funcionalidades de visualização avançadas. As plataformas de análise de dados permitem a análise avançada, a modelação preditiva e a análise estatística. Os exemplos incluem o Google Analytics, o Adobe Analytics e o IBM Watson Analytics, que oferecem funcionalidades como segmentação, análise de coortes e modelação preditiva. Ferramentas de integração de dados e ETL As ferramentas ETL (Extract, Transform, Load) facilitam o processo de extração de dados de várias fontes, transformando-os num formato utilizável e carregando-os num armazém de dados ou numa plataforma de análise. As opções mais populares incluem Informatics, Talend e Apache NiFi.Data Warehousing As soluções armazenam e gerem grandes volumes de dados estruturados e não estruturados, tornando-os acessíveis para análise e relatórios. Considere soluções como o Amazon Redshift, o Google

BigQuery ou o Snowflake, que oferecem capacidades de armazenamento de dados escaláveis e baseadas na nuvem.As plataformas de aprendizagem automática fornecem ferramentas e estruturas para a criação e implementação de modelos de aprendizagem automática para extrair informações e fazer previsões a partir de dados. As opções incluem Tensor Flow, scikit-learn e Microsoft Azure Machine Learning.

• Deteção de fraudes: No sector bancário e financeiro, a inteligência de dados pode detetar transacções ou actividades invulgares que podem indicar fraude. A deteção de fraudes é o processo de identificação e prevenção de actividades fraudulentas em vários sistemas, como transacções financeiras, pedidos de seguro ou interacções em linha. A deteção de fraudes requer uma combinação de tecnologia avançada, técnicas de análise de dados robustas, capacidades de monitorização em tempo real e estratégias proactivas de gestão do risco para detetar e prevenir eficazmente actividades fraudulentas. Os sistemas de deteção de fraudes baseiam-se em diversas fontes de dados, incluindo registos de transacções, padrões de comportamento dos utilizadores, dados biométricos, registos históricos e bases de dados externas. Estas fontes de dados fornecem informações valiosas para identificar actividades anómalas ou suspeitas. Os algoritmos avançados de aprendizagem automática e as técnicas de inteligência artificial desempenham um papel crucial na deteção de fraudes. Os modelos de aprendizagem supervisionada podem ser treinados em conjuntos de dados rotulados para reconhecer padrões indicativos de comportamento fraudulento, enquanto as técnicas de aprendizagem não supervisionada ajudam a detetar anomalias sem rótulos predefinidos.

• Otimização da cadeia de fornecimento: As empresas podem analisar os dados históricos dos envios e as condições de transporte em tempo real para otimizar as rotas e os tempos de entrega, melhorando a eficiência e a relação custo-eficácia. A otimização da cadeia de fornecimento envolve a gestão estratégica do fluxo de bens, serviços e informações dos fornecedores para os clientes, com o objetivo de maximizar a eficiência, reduzir os custos e aumentar a satisfação do cliente. Engloba várias actividades, incluindo a previsão da procura, a gestão de inventário, o planeamento logístico e a gestão das relações com os fornecedores. Ao tirar partido da análise de dados, da modelação preditiva e de técnicas de otimização avançadas, as organizações podem simplificar as suas operações da cadeia de abastecimento, minimizar os prazos de entrega, otimizar os níveis de inventário e melhorar a utilização geral dos recursos. Além disso, tecnologias como Blockchain, Internet das Coisas (IoT) e inteligência artificial permitem o acompanhamento e a monitorização em tempo real das actividades da cadeia de abastecimento, facilitando a tomada de decisões proactivas e a gestão de riscos. A melhoria contínua e a colaboração entre as partes interessadas são essenciais para alcançar uma otimização sustentável da cadeia de abastecimento, uma vez que as empresas se adaptam à dinâmica do mercado em evolução, às preferências dos clientes e às tendências da indústria para manter uma vantagem competitiva no mercado global atual.

• **Diagnóstico e tratamento no sector da saúde:** A inteligência de dados pode ajudar no diagnóstico de doenças e sugerir planos de tratamento personalizados através da análise dos dados do paciente, do historial médico e dos recentes avanços na investigação médica. O diagnóstico e o tratamento dos cuidados de saúde representam os principais componentes dos cuidados ao paciente, envolvendo a identificação de condições médicas e a implementação de intervenções adequadas para promover a cura e melhorar os resultados. O diagnóstico baseia-se numa combinação de história clínica, exame físico, testes laboratoriais e técnicas avançadas de imagiologia para identificar com precisão doenças ou perturbações. Uma vez diagnosticadas, as estratégias de tratamento podem incluir terapia medicamentosa, procedimentos cirúrgicos, programas de reabilitação ou modificações do estilo de vida adaptadas às necessidades individuais do doente. Nos últimos anos, os avanços na tecnologia médica, como os testes genéticos, a medicina de precisão e a telemedicina, revolucionaram o diagnóstico e o tratamento dos cuidados de saúde, permitindo abordagens mais personalizadas e direccionadas para os cuidados dos doentes. Para além disso, a colaboração interdisciplinar entre profissionais de saúde, incluindo médicos, enfermeiros, farmacêuticos e profissionais de saúde afins, é essencial para prestar cuidados abrangentes e coordenados aos doentes. Ao integrarem práticas baseadas em evidências, alavancarem tecnologias inovadoras e promoverem uma abordagem centrada no doente, os prestadores de cuidados de saúde podem otimizar os resultados do diagnóstico e do tratamento, melhorando, em última análise, a qualidade de vida dos indivíduos e das comunidades em todo o mundo.

• Análise de sentimento nas redes sociais: As empresas podem avaliar a opinião pública e o sentimento em relação à sua marca ou produto através da análise dos dados das redes sociais. A análise do sentimento nas redes sociais envolve o processo de análise e interpretação sistemática das emoções, opiniões e atitudes expressas pelos utilizadores em várias plataformas de redes sociais. Utiliza técnicas de processamento de linguagem natural (PNL), algoritmos de aprendizagem automática e metodologias de extração de texto para extrair informações valiosas de grandes volumes de conteúdos gerados pelos utilizadores. Ao analisar dados de texto, como publicações, comentários, críticas e tweets, as ferramentas de análise de sentimentos podem classificar os sentimentos como positivos, negativos ou neutros, fornecendo às organizações informações accionáveis para compreender a perceção do público, monitorizar a reputação da marca e avaliar o sentimento dos consumidores em relação a produtos, serviços ou eventos. As empresas utilizam a análise de sentimentos dos media sociais para informar as estratégias de marketing, identificar tendências emergentes, detetar problemas ou queixas dos clientes e melhorar a satisfação dos clientes. Além disso, a análise de sentimentos é cada vez mais utilizada na escuta social, na gestão de crises e nos estudos de mercado, permitindo que as organizações tomem decisões baseadas em dados e melhorem a sua vantagem competitiva no atual panorama digital. Previsão de manutenção: Nas indústrias com maquinaria pesada, a análise preditiva pode antecipar quando uma máquina pode avariar. A previsão da manutenção envolve a utilização de técnicas de análise de dados e de modelação preditiva para prever quando é provável que o equipamento ou a maquinaria necessite de manutenção ou reparação. Ao analisar registos históricos de manutenção, dados de sensores e outras variáveis relevantes, as organizações podem identificar padrões e tendências indicativos de potenciais falhas ou degradação do equipamento ao longo do tempo. A manutenção preditiva permite estratégias de manutenção proactivas, permitindo às organizações programar reparações ou substituições antes de ocorrerem falhas no equipamento, minimizando assim o tempo de inatividade, reduzindo os custos operacionais e prolongando a vida útil dos activos. Os algoritmos de aprendizagem automática, como a análise de regressão, as árvores de decisão e as redes neuronais, são normalmente utilizados para desenvolver modelos de manutenção preditiva que podem prever com precisão as falhas dos equipamentos e dar prioridade às actividades de manutenção com base nos níveis de risco. Além disso, os sistemas de monitorização em tempo real e os sensores IoT fornecem fluxos de dados contínuos, permitindo às organizações monitorizar o estado do equipamento em tempo real e acionar alertas ou intervenções de manutenção conforme necessário. Ao tirar partido das técnicas de previsão da manutenção, as organizações podem otimizar a fiabilidade dos activos, melhorar a eficiência operacional e aumentar a produtividade geral em vários sectores, incluindo a indústria transformadora, os transportes, a energia e os serviços públicos

VISUALIZAÇÃO E INTERPRETAÇÃO

A visualização e a interpretação desempenham um papel crucial na inteligência de dados, transformando os dados brutos em informações accionáveis e facilitando a tomada de decisões informadas[22]. A visualização e a interpretação são partes integrantes do processo de inteligência de dados, permitindo que as organizações obtenham informações accionáveis, comuniquem as conclusões e conduzam a uma tomada de decisões informada.

Eis o seu contributo:

1. **Compreensão dos dados**: A visualização ajuda os utilizadores a compreender conjuntos de dados complexos, representando-os visualmente. Isto ajuda a identificar padrões, tendências e valores atípicos que podem não ser evidentes nos dados em bruto. A interpretação envolve dar sentido a estas visualizações, explicando o que os dados revelam e compreendendo as suas implicações.

2. **Comunicação**: A visualização é uma ferramenta poderosa para comunicar informações a várias partes interessadas, incluindo audiências não técnicas. A interpretação garante que os conhecimentos derivados das visualizações são transmitidos e compreendidos com precisão, promovendo uma comunicação eficaz entre equipas e departamentos.

3. **Tomada de decisões**: Visualizações bem concebidas permitem que os decisores compreendam rapidamente o significado dos dados e tomem decisões informadas. A interpretação acrescenta contexto aos dados, ajudando os decisores a compreender as implicações de diferentes cursos de ação e a escolher o mais adequado.

4. **Identificação de tendências e padrões**: A visualização permite aos utilizadores identificar tendências, padrões e correlações nos dados, o que pode ser valioso para a previsão, planeamento estratégico e identificação de oportunidades ou riscos potenciais. A interpretação envolve a explicação destes

padrões no contexto do negócio ou do problema em causa.

5. **Monitorização do desempenho**: As visualizações são normalmente utilizadas para monitorizar indicadores-chave de desempenho (KPIs) e acompanhar o progresso em direção aos objectivos. A interpretação envolve a análise dessas visualizações para avaliar o desempenho, identificar áreas de melhoria e fazer ajustes conforme necessário.

6. **Garantia de qualidade**: A visualização pode realçar inconsistências de dados, erros ou valores em falta, ajudando nos esforços de garantia de qualidade dos dados. A interpretação envolve a investigação destes problemas, a compreensão das suas causas e a tomada de medidas correctivas para garantir a integridade dos dados.

7. **Análise exploratória de dados**: A visualização é um componente fundamental da análise exploratória de dados (EDA), em que os analistas exploram interactivamente conjuntos de dados para descobrir informações e formular hipóteses. A interpretação envolve a análise crítica das visualizações para obter informações significativas e orientar a análise posterior.

8. **Narração de histórias**: As visualizações podem ser utilizadas para contar histórias convincentes sobre os dados, guiando a audiência através da narrativa e realçando os pontos-chave. A interpretação implica a elaboração de narrativas coerentes que liguem as visualizações e transmitam eficazmente a mensagem pretendida.

Ferramentas de geração de IA e o seu impacto: Explorar as Redes Adversárias Generativas (GAN)

No domínio da inteligência artificial (IA), as ferramentas geradoras estão a revolucionar o panorama da criação de conteúdos e da síntese de informação. Entre estas ferramentas, as Redes Adversárias Generativas (GAN) destacam-se como uma tecnologia inovadora com profundas implicações para várias aplicações.

A ascensão das ferramentas de geração de IA

As ferramentas de geração de IA representam uma mudança de paradigma na forma como os conteúdos, a informação e até a arte são produzidos. Tirando partido de algoritmos sofisticados de aprendizagem automática e de redes neuronais, estas ferramentas têm a capacidade de gerar autonomamente uma vasta gama de resultados, desde texto e imagens a música e vídeo. Esta capacidade é impulsionada pelo princípio subjacente de aprendizagem a partir de padrões e distribuições de dados, permitindo aos sistemas de IA criar resultados que imitam ou mesmo ultrapassam os conteúdos gerados por humanos.

O papel das redes adversariais generativas (GAN)

As ferramentas de geração de IA são as redes adversariais generativas (GAN), uma classe de modelos de aprendizagem profunda introduzida por Ian Good e os seus colegas em 2014. As GAN consistem em duas redes neuronais - um gerador e um discriminador - envolvidas num ciclo de feedback constante. O gerador gera amostras de dados sintéticos, enquanto o discriminador avalia a sua autenticidade em relação a amostras de dados reais. Através de treino contraditório, ambas as redes melhoram iterativamente o seu desempenho, resultando na geração de resultados cada vez mais realistas. As GANs têm encontrado aplicações em diversos domínios, desde a visão computacional e o processamento de linguagem natural até à geração e conceção de arte. Na visão computacional, as GAN são utilizadas para gerar imagens de alta resolução, melhorar fotografias de baixa qualidade e até criar vídeos falsos profundos. No processamento de linguagem natural, os GAN são utilizados para gerar texto, diálogos e tarefas de tradução de línguas. Além disso, os GANs provocaram um renascimento na arte digital, permitindo aos artistas criar paisagens surreais, composições abstractas e retratos fotorrealistas.

Desafios e considerações

Apesar do seu potencial transformador, as GAN também colocam desafios e considerações éticas. A geração de dados sintéticos altamente realistas suscita preocupações em matéria de privacidade, roubo de identidade e desinformação. A tecnologia de falsificação profunda, alimentada por GANs, tem sido explorada para fins maliciosos, como a divulgação de informações falsas e a manipulação da opinião pública. Além disso, o potencial de parcialidade e injustiça dos algoritmos sublinha a importância do desenvolvimento e da utilização responsáveis dos GAN.

As ferramentas de geração de IA, em particular as redes adversariais generativas, representam um avanço significativo na inteligência artificial, permitindo que as máquinas criem conteúdos e resultados que rivalizam com a criatividade humana. Desde a melhoria da estética visual até à revolução da arte digital, as GANs demonstraram capacidades notáveis e estimularam a inovação em vários domínios. No entanto, como acontece com qualquer tecnologia poderosa, é essencial considerar cuidadosamente as implicações éticas e os quadros regulamentares para garantir uma utilização responsável e ética das ferramentas geradoras de IA em benefício da sociedade.

A intersecção de ferramentas geradoras de IA, IoT e inteligência de dados: Moldar o cenário futuro

A convergência das ferramentas geradoras de inteligência artificial (IA), das tecnologias da Internet das Coisas (IoT) e da inteligência de dados está a criar uma nova era de inovação e transformação em todos os sectores. À medida que as organizações aproveitam o poder dos dispositivos interligados, da análise avançada e da geração autónoma de conteúdos, desbloqueiam oportunidades sem precedentes para impulsionar a eficiência, otimizar as operações e proporcionar experiências personalizadas. Nesta exploração abrangente, aprofundamos as sinergias entre as ferramentas geradoras de IA, a IoT e a inteligência de dados, examinando a sua interação, o impacto potencial e as implicações futuras.

Compreender as ferramentas de geração de IA

As ferramentas de geração de IA englobam um conjunto diversificado de tecnologias e algoritmos concebidos para criar autonomamente conteúdos, informações ou resultados em vários domínios. Estas ferramentas utilizam técnicas avançadas de aprendizagem automática, incluindo o processamento de linguagem natural (PNL), a visão por computador e as redes adversárias generativas (GAN), para analisar padrões de dados, inferir relações e gerar resultados semelhantes aos humanos. Desde a geração de texto e a síntese de imagens até à composição musical e à automatização do design, as ferramentas de geração de IA mostram o poder transformador da IA no aumento da criatividade e da produtividade humanas.

Explorar a Internet das Coisas (IoT)

A Internet das Coisas (IoT) representa uma vasta rede de dispositivos, sensores e actuadores interligados que recolhem, trocam e analisam dados em tempo real. Estes dispositivos abrangem diversos domínios, incluindo casas inteligentes, cuidados de saúde, fabrico, transportes e agricultura, gerando fluxos maciços de dados que alimentam a tomada de decisões. Ao incorporar inteligência nos objectos e infra-estruturas do dia a dia, a IoT permite a manutenção preditiva, a monitorização remota e os serviços personalizados, dando início a uma nova era de conetividade e automação.

O papel da inteligência de dados

No centro da convergência das ferramentas geradoras de IA e da IoT está o conceito de inteligência de dados - a capacidade de extrair conhecimentos accionáveis de conjuntos de dados vastos e díspares. A inteligência de dados engloba a recolha, o processamento, a análise e a visualização de dados, permitindo que as organizações obtenham valor dos seus activos de dados. As técnicas analíticas avançadas, como a aprendizagem automática, a aprendizagem profunda e a modelação preditiva, permitem que as organizações descubram padrões, tendências e correlações ocultas, impulsionando a tomada de decisões informadas e iniciativas estratégicas.

Sinergias entre ferramentas de geração de IA, IoT e inteligência de dados

A sinergia entre as ferramentas geradoras de IA, a IoT e a inteligência de dados tem um potencial imenso para revolucionar os sectores, redefinir os modelos de negócio e melhorar a qualidade de vida. Ao integrar os conhecimentos gerados pela IA com os fluxos de dados gerados pela IoT, as organizações podem desbloquear novos níveis de eficiência operacional, manutenção preditiva e envolvimento do cliente. Por exemplo, no fabrico inteligente, as ferramentas geradoras de IA podem analisar os dados dos sensores IoT para otimizar os programas de produção, minimizar o tempo de inatividade e reduzir o desperdício de recursos.

Tendências e oportunidades futuras

Olhando para o futuro, várias tendências e oportunidades importantes estão preparadas para moldar o futuro panorama das ferramentas geradoras de IA, da IdC e da inteligência de dados:

1. **Computação periférica e IA na periferia**: A proliferação de dispositivos IoT e a necessidade de processamento em tempo real estão a impulsionar a procura de soluções de computação periférica que aproximam as capacidades de IA da fonte de dados. A IA de ponta permite uma tomada de decisões mais rápida, uma latência reduzida e uma maior privacidade, processando os dados localmente em dispositivos IoT ou servidores de ponta.

2. **IA explicável (XAI)**: À medida que as ferramentas de geração de IA se tornam cada vez mais sofisticadas, há uma necessidade crescente de transparência e interpretabilidade nos modelos de IA. As técnicas de IA explicável (XAI) têm como objetivo desmistificar os processos de tomada de decisão da IA, permitindo que as partes interessadas compreendam, confiem e validem os conhecimentos gerados pela IA.

3. **IA ética e utilização responsável dos dados**: Com grande poder vem grande responsabilidade. À medida que as ferramentas geradoras de IA e as aplicações IoT proliferam, há uma necessidade premente de directrizes éticas, quadros regulamentares e normas da indústria para garantir a utilização responsável e ética dos dados. As organizações devem dar prioridade à privacidade, segurança e justiça dos dados para mitigar os riscos e criar confiança entre as partes interessadas.

4. **Colaboração homem-máquina**: Embora as ferramentas geradoras de IA prometam automatizar tarefas repetitivas e aumentar as capacidades humanas, o futuro reside na colaboração harmoniosa entre humanos e máquinas. Os princípios de conceção centrados no ser humano e as abordagens centradas no utilizador conduzirão ao desenvolvimento de sistemas de IA que capacitem os indivíduos, fomentem a criatividade e promovam a inclusão.

Desafios e considerações

Apesar do potencial transformador das ferramentas geradoras de IA, da IoT e da inteligência de dados, há vários desafios e considerações a ter em conta para concretizar todos os seus benefícios:

1. **Privacidade e segurança dos dados**: A proliferação de dispositivos IoT e a geração de fluxos de dados maciços levantam preocupações sobre a privacidade, segurança e confidencialidade dos dados. As organizações devem implementar medidas de segurança robustas, protocolos de encriptação e controlos de acesso para salvaguardar os dados sensíveis e mitigar as ameaças à cibersegurança.

2. **Governação de dados e conformidade**: À medida que as organizações recolhem e analisam grandes quantidades de dados, a conformidade com as normas regulamentares, as estruturas de governação de dados e as regulamentações do sector torna-se fundamental. Garantir a qualidade, integridade e responsabilidade dos dados é essencial para criar confiança e manter a conformidade regulamentar.

3. **Preconceito algorítmico e equidade**: As ferramentas geradoras de IA são susceptíveis de enviesamento algorítmico, em que os modelos de IA reflectem e perpetuam inadvertidamente os enviesamentos presentes nos dados de treino. A abordagem do enviesamento algorítmico exige conjuntos de dados diversificados e representativos, transparência algorítmica e monitorização contínua para detetar e atenuar os enviesamentos nos resultados gerados pela IA.

4. **Utilização ética da IA**: As implicações éticas das ferramentas geradoras de IA vão além das considerações técnicas para abranger impactos sociais mais amplos, incluindo a deslocação de postos de trabalho, a desigualdade socioeconómica e as implicações culturais. As organizações devem adotar princípios éticos de IA, promover a diversidade e a inclusão e envolver-se com

as partes interessadas para resolver dilemas éticos e garantir resultados equitativos.

Inteligência Artificial: Alimentar sistemas inteligentes

A Inteligência Artificial (IA) surgiu como uma tecnologia transformadora que confere às máquinas a capacidade de perceber, raciocinar e agir de forma autónoma, levando ao desenvolvimento de sistemas inteligentes que aumentam as capacidades humanas e automatizam tarefas complexas. Nesta exploração, mergulhamos no domínio dos sistemas inteligentes alimentados por IA, examinando os seus componentes, capacidades e aplicações no mundo real.

Componentes de sistemas inteligentes

Os sistemas inteligentes integram vários componentes e tecnologias para imitar a inteligência e o comportamento humanos. Estes componentes incluem:

1. **Deteção e perceção**: Os sistemas inteligentes utilizam sensores e algoritmos de perceção para recolher dados do ambiente, tais como imagens visuais, sinais auditivos e leituras de sensores. A visão por computador, o reconhecimento da fala e as técnicas de fusão de sensores permitem às máquinas interpretar e compreender o mundo que as rodeia.

2. **Raciocínio e tomada de decisões**: Os algoritmos de IA utilizam mecanismos de raciocínio e de tomada de decisões para analisar dados, inferir relações e obter informações. Técnicas como o raciocínio simbólico, o raciocínio probabilístico e os algoritmos de otimização permitem que os sistemas inteligentes tomem decisões informadas e adoptem acções adequadas com base nos seus objectivos e restrições.

3. **Aprendizagem e adaptação**: A aprendizagem automática está no centro dos

sistemas inteligentes, permitindo-lhes aprender com a experiência, melhorar o desempenho e adaptar-se às circunstâncias em mudança. Os algoritmos de aprendizagem supervisionada, aprendizagem não supervisionada e aprendizagem por reforço permitem que as máquinas adquiram novos conhecimentos, aperfeiçoem os seus modelos e optimizem o seu comportamento ao longo do tempo.

4. **Interação e comunicação**: Os sistemas inteligentes interagem com os utilizadores e outros sistemas através de interfaces de linguagem natural, interfaces gráficas de utilizador e interfaces de programação de aplicações (API). O processamento da linguagem natural (PNL), a gestão do diálogo e as técnicas de interação homem-computador permitem uma comunicação e colaboração sem descontinuidades entre humanos e máquinas.

CAPACIDADES DOS SISTEMAS INTELIGENTES

Os sistemas inteligentes possuem uma vasta gama de capacidades que lhes permitem realizar diversas tarefas e resolver problemas complexos:

1. **Automatização e otimização**: Ao automatizar tarefas de rotina e otimizar processos, os sistemas inteligentes aumentam a eficiência, a produtividade e a utilização de recursos em todas as indústrias. A automação de processos robóticos (RPA), os veículos autónomos e os sistemas de fabrico inteligentes exemplificam as capacidades de automação dos sistemas inteligentes alimentados por IA.

2. **Previsão e previsão**: Os sistemas inteligentes aproveitam a análise de dados e os algoritmos de aprendizagem automática para prever tendências futuras, antecipar resultados e tomar decisões proactivas. A manutenção preditiva, a previsão da procura e a previsão do mercado financeiro são exemplos de aplicações que tiram partido das capacidades preditivas dos sistemas inteligentes.

3. **Personalização e recomendações**: Ao analisar as preferências do utilizador, os padrões de comportamento e as informações contextuais, os sistemas inteligentes fornecem recomendações personalizadas, conteúdos e serviços adaptados às necessidades e preferências individuais. Os motores de recomendação, o marketing personalizado e as plataformas de curadoria de conteúdos exemplificam as capacidades de personalização dos sistemas inteligentes.

4. **Adaptação e auto-aprendizagem**: Os sistemas inteligentes aprendem continuamente com o feedback, adaptam-se a ambientes em mudança e melhoram o seu desempenho ao longo do tempo. Carros autónomos, assistentes inteligentes e plataformas de aprendizagem personalizadas exemplificam as capacidades adaptativas dos sistemas inteligentes que evoluem e aperfeiçoam o seu comportamento com base na experiência.

Aplicações de sistemas inteligentes no mundo real

Os sistemas inteligentes encontram aplicações em vários domínios, incluindo:

1. **Cuidados de saúde**: Os sistemas de diagnóstico médico alimentados por IA, os dispositivos de monitorização da saúde portáteis e as plataformas de planeamento de tratamentos personalizados melhoram os cuidados aos doentes, optimizam a prestação de cuidados de saúde e permitem a deteção precoce de doenças.

2. **Finanças**: A negociação algorítmica orientada por IA, os sistemas de deteção de fraude e os serviços de consultoria financeira personalizados melhoram a tomada de decisões, atenuam os riscos e optimizam as estratégias de investimento no sector financeiro.

3. **Retalho**: Os motores de recomendação alimentados por IA, os assistentes de compras personalizados e os sistemas de gestão de inventário optimizam as experiências dos clientes, aumentam as vendas e simplificam as operações no sector do retalho.

4. **Transportes**: Os veículos autónomos, os sistemas de gestão de tráfego e as soluções de manutenção preditiva aumentam a segurança, a eficiência e a sustentabilidade das redes de transportes, reduzindo o congestionamento e as emissões. Os sistemas inteligentes alimentados por inteligência artificial representam uma mudança de paradigma na tecnologia, permitindo que as máquinas apresentem inteligência e comportamento semelhantes aos humanos em diversas aplicações e domínios. Ao integrar capacidades de deteção, raciocínio, aprendizagem e interação, os sistemas inteligentes automatizam tarefas, optimizam processos e proporcionam experiências personalizadas que melhoram a produtividade, a eficiência e a qualidade de vida. À medida que a IA continua a avançar, o potencial dos sistemas inteligentes para revolucionar as indústrias, transformar as sociedades e enfrentar desafios complexos é ilimitado,

abrindo caminho para um futuro impulsionado pela automação inteligente e pela colaboração homem-máquina.

Explorar a fronteira da Inteligência Artificial com a Geração Aumentada de Recuperação (RAG)

A Inteligência Artificial (IA) surgiu como uma das tecnologias mais transformadoras da era moderna, revolucionando as indústrias e remodelando a forma como interagimos com a tecnologia. Na sua essência, a IA tem como objetivo imitar as funções cognitivas humanas, como a aprendizagem, a resolução de problemas e a tomada de decisões. Desde assistentes virtuais como a Siri e a Alexa a algoritmos avançados de aprendizagem automática que alimentam sistemas de recomendação e veículos autónomos, a IA está presente em quase todos os aspectos da nossa vida quotidiana.

II.Evolução da IA

O percurso da IA remonta a meados do século XX, quando pioneiros como Alan Turing lançaram as bases da inteligência das máquinas. Os primeiros esforços centraram-se na IA simbólica, que se baseava em regras predefinidas e no raciocínio lógico para executar tarefas. No entanto, as limitações desta abordagem tornaram-se evidentes à medida que a IA se debatia com a complexidade e a ambiguidade do mundo real.

III. Ascensão da aprendizagem automática

O advento da aprendizagem automática marcou uma mudança significativa nos paradigmas da IA. Em vez de dependerem apenas de programação explícita, os algoritmos de aprendizagem automática podiam aprender com os dados, identificando padrões e fazendo previsões sem serem explicitamente programados. Esta abordagem abriu novas possibilidades em domínios como a visão computacional, o processamento de linguagem natural (PNL) e o reconhecimento de voz.

IV. Desafios na compreensão da linguagem natural

Embora os algoritmos de aprendizagem automática tenham feito progressos notáveis em tarefas como o reconhecimento de imagens e a deteção de padrões, a compreensão da linguagem natural continua a ser um desafio formidável. Ao contrário dos dados estruturados, que podem ser facilmente representados em formato numérico, a linguagem é inerentemente ambíguos e dependentes do contexto. Conseguir uma proficiência ao nível humano em tarefas como a tradução de línguas, a resposta a perguntas e a criação de textos exige uma compreensão profunda da semântica, da sintaxe e da pragmática.

V. Introdução à Geração Aumentada de Recuperação (RAG)

A Retrieval Augmented Generation (RAG) representa uma nova abordagem à compreensão da linguagem natural que combina os pontos fortes dos sistemas tradicionais de recuperação de informação com técnicas modernas de aprendizagem profunda. Na sua essência, o RAG utiliza modelos linguísticos pré-treinados em grande escala para codificar grandes quantidades de conhecimento textual, que pode então ser recuperado de forma eficiente e incorporado em tarefas generativas, como a sumarização de textos, a resposta a perguntas e a criação de conteúdos.

VI. Arquitetura do RAG

A arquitetura do RAG é constituída por três componentes principais: o recuperador, o leitor e o gerador.

1. Recuperador: O módulo recuperador é responsável pela recuperação eficiente de documentos relevantes de um grande corpus de texto com base numa determinada consulta. Isto pode ser conseguido utilizando técnicas como a indexação invertida, a pesquisa semântica ou modelos de recuperação neurais.

2. Leitor: Uma vez recuperados os documentos relevantes, o módulo de leitura processa-os para extrair informações relevantes. Isto pode envolver técnicas como o reconhecimento de entidades nomeadas, a resolução de coreferências e a análise sintáctica para identificar entidades, eventos e relações importantes.

3. Gerador: Finalmente, o módulo gerador sintetiza a informação extraída num texto coerente, semelhante ao humano. Isto pode ser conseguido utilizando uma variedade de técnicas, incluindo modelação de linguagem, geração sequência a sequência e aprendizagem por reforço.

VII. Aplicações do RAG

A versatilidade do RAG permite a sua aplicação numa vasta gama de domínios, incluindo, mas não se limitando a:

1. Resposta a perguntas: O RAG pode ser utilizado para construir sistemas inteligentes de resposta a perguntas que podem recuperar informações relevantes de grandes fontes textuais e gerar respostas exactas e informativas em linguagem natural.

2. Sumarização de texto: O RAG pode resumir automaticamente documentos ou artigos longos, extraindo as informações mais importantes e apresentando-as de forma concisa e coerente.

3. Criação de conteúdos: O RAG pode ajudar os criadores de conteúdos, gerando texto de alta qualidade com base num determinado tópico ou sugestão, permitindo a rápida criação de artigos, relatórios e outros conteúdos escritos.

4. Recuperação de informação: O RAG pode melhorar os sistemas tradicionais de recuperação de informação, fornecendo resultados de pesquisa mais precisos

e contextualmente relevantes com base na consulta do utilizador.

5. Tradução de línguas: As RAG podem ser utilizadas para melhorar os sistemas de tradução automática, tirando partido de modelos linguísticos pré-treinados em grande escala para gerar traduções mais exactas e fluentes.

VIII. Desafios e direcções futuras

Embora os RAG sejam muito promissores para fazer avançar o estado da arte da compreensão da linguagem natural, subsistem vários desafios e oportunidades de investigação futura:

1. Escalabilidade: Dado que a dimensão dos corpora textuais continua a aumentar, os métodos eficientes de indexação, recuperação e processamento de grandes volumes de texto serão essenciais para garantir a escalabilidade dos sistemas RAG.

2. Interpretabilidade: Apesar do seu desempenho impressionante, os modelos de aprendizagem profunda carecem frequentemente de interpretabilidade, o que dificulta a compreensão da forma como chegam às suas decisões. O desenvolvimento de métodos para interpretar e explicar os resultados dos modelos RAG será crucial para criar confiança e compreensão.

3. Enviesamento e equidade: Tal como todos os sistemas de IA, os modelos RAG são susceptíveis a enviesamentos presentes nos dados de treino, o que pode levar a resultados injustos ou discriminatórios. A resolução destes enviesamentos e a garantia de justiça e equidade nos sistemas RAG serão fundamentais para a sua implantação ética.

4. Integração multimodal: Embora o RAG se concentre principalmente na compreensão e geração de texto, a integração de outras modalidades, como imagens, áudio e vídeo, poderia melhorar ainda mais as suas capacidades e permitir experiências mais imersivas e interactivas.

5. Aprendizagem contínua: Para acompanhar a natureza em constante evolução da língua e do conhecimento, os sistemas RAG terão de ser capazes de

aprendizagem e adaptação contínuas. O desenvolvimento de técnicas para atualizar e aperfeiçoar progressivamente os modelos pré-treinados será essencial para garantir a sua relevância e eficácia a longo prazo.

A Geração Aumentada de Recuperação (RAG) representa uma abordagem promissora para fazer avançar a fronteira da inteligência artificial, particularmente no domínio da compreensão da linguagem natural. Ao integrar perfeitamente as capacidades de recuperação e geração, a RAG permite sistemas de IA mais robustos, escaláveis e contextualmente conscientes, capazes de navegar eficazmente nas complexidades da linguagem humana. Embora subsistam desafios, as potenciais aplicações das RAG são vastas, desde a resposta a perguntas e a sumarização de textos até à criação de conteúdos e muito mais. À medida que a investigação neste domínio continua a progredir, podemos esperar que as RAG desempenhem um papel cada vez mais proeminente na definição do futuro da IA e na abertura de novas possibilidades de interação homem-máquina.

Dados de fala e voz num sistema de IA:

Este diagrama de blocos ilustra as várias fases envolvidas no processamento da fala e dos dados vocais num sistema de IA:

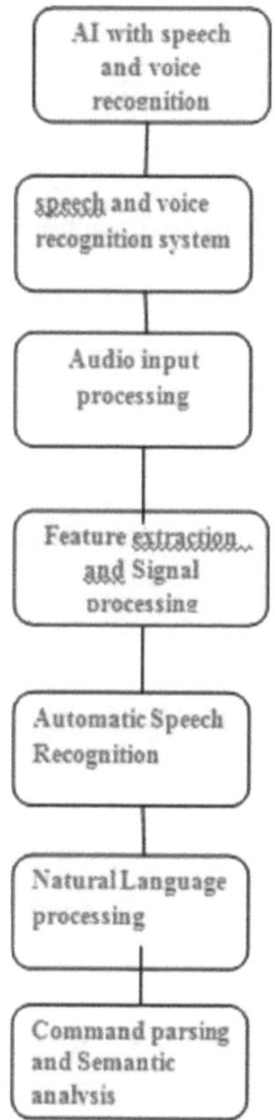

Fig. Este diagrama de blocos Dados de fala e voz num sistema de IA:

1. Processamento da entrada de áudio: Esta fase envolve a captura e o pré-processamento da entrada de áudio, que pode incluir tarefas como a redução do ruído, a filtragem e a digitalização.

2. Extração de características e pré-processamento de sinais: Extrair características relevantes do sinal de áudio, tais como características espectrais, para representar os dados de entrada num formato adequado para processamento posterior.

3. Reconhecimento de voz (ASR): Utilização de técnicas de reconhecimento automático da fala (ASR) para transcrever o sinal de fala em texto.

4. Processamento de linguagem natural (PNL): Analisar e compreender o texto transcrito utilizando técnicas de processamento de linguagem natural, que podem incluir análise, reconhecimento de intenções e análise semântica.

5. Biometria vocal (verificação do orador): Verificar a identidade do orador utilizando técnicas de biometria vocal, como o reconhecimento e a verificação do orador.

6. Geração de respostas: Geração de uma resposta adequada com base no discurso de entrada, que pode envolver a síntese texto-fala ou a seleção de uma resposta predefinida a partir de uma base de dados.

Este diagrama de blocos apresenta uma panorâmica geral de alto nível dos processos envolvidos na construção de um sistema de IA com capacidades de reconhecimento de voz e fala, desde a captação da entrada de áudio até à geração de uma resposta adequada.

As distinções entre inteligência humana e inteligência artificial

As distinções entre a inteligência humana e a inteligência das máquinas são profundas e multifacetadas, abrangendo uma interação complexa de capacidades, limitações e mecanismos subjacentes. Na sua essência, a inteligência humana incorpora uma rica tapeçaria de faculdades cognitivas, imbuídas de criatividade, intuição, consciência emocional e compreensão social, que coletivamente permitem aos seres humanos navegar pelas complexidades do mundo com nuances e adaptabilidade. Enraizada nas intrincadas redes neuronais do cérebro humano, a inteligência humana caracteriza-se pela sua natureza holística e contextualmente fundamentada, recorrendo a uma vida inteira de experiências, influências culturais e percepções socio-emocionais para informar a tomada de decisões e a resolução de problemas. A inteligência humana transcende o mero reconhecimento de padrões, englobando funções cognitivas de ordem superior, como o raciocínio abstrato, o juízo moral e a contemplação existencial, que estão na base da complexidade e da profundidade do pensamento e do comportamento humanos. Em contrapartida, a inteligência das máquinas, embora formidável na sua capacidade computacional e precisão analítica, continua fundamentalmente limitada pela lógica determinista dos algoritmos e pelas capacidades finitas do hardware. Baseada nos princípios da otimização matemática e da inferência estatística, a inteligência artificial destaca-se em tarefas que podem ser formalizadas e quantificadas, tirando partido de vastos conjuntos de dados e de algoritmos de aprendizagem iterativa para discernir padrões, fazer previsões e otimizar funções objectivas.

No entanto, a inteligência artificial carece frequentemente da compreensão intuitiva, da sensibilidade contextual e da ressonância emocional que caracterizam a cognição humana, o que conduz a limitações em áreas como a compreensão da linguagem natural, o raciocínio de senso comum e a interação social. Além disso, a inteligência artificial depende intrinsecamente da qualidade e da representatividade dos dados de treino, é suscetível a enviesamentos e pontos cegos inerentes ao processo de geração de dados, que podem perpetuar as desigualdades e reforçar os preconceitos sociais se não forem controlados. Apesar destas disparidades, a convergência da inteligência humana e da inteligência das máquinas tem um potencial transformador, uma vez que os seres humanos aproveitam o poder computacional das máquinas para aumentar as suas capacidades cognitivas e expandir as fronteiras do conhecimento e da descoberta. Através da colaboração interdisciplinar e da gestão ética, a humanidade está preparada para desbloquear novas perspectivas de compreensão e criatividade, traçando um rumo para um futuro em que a inteligência humana e a inteligência das máquinas se fundem sinergicamente para enfrentar os grandes desafios do nosso tempo.

AVANÇOS NA IA: RECONHECIMENTO DA FALA E DA VOZ

I. Introdução

As tecnologias de reconhecimento da fala e da voz registaram enormes avanços nos últimos anos, impulsionados pelos progressos da inteligência artificial (IA) e da aprendizagem automática. Estas tecnologias permitem às máquinas interpretar e compreender a linguagem falada, revolucionando a interação homem-computador e abrindo novas vias para a inovação em vários sectores.

II. Evolução do reconhecimento de voz

O percurso do reconhecimento de voz remonta a meados do século XX, quando os investigadores começaram a explorar formas de automatizar o processo de transcrição da linguagem falada. Os primeiros sistemas baseavam-se em modelos simplistas e abordagens baseadas em regras, com dificuldades em lidar com as complexidades do discurso natural. No entanto, os avanços na aprendizagem automática e no processamento de sinais abriram caminho para sistemas de reconhecimento de voz mais robustos e precisos.

III. Componentes do reconhecimento de voz e fala

1. Processamento de entrada de áudio: O processo começa com a captura e o pré-processamento da entrada de áudio, o que envolve tarefas como a redução do ruído, a filtragem e a digitalização para garantir uma qualidade de sinal óptima.

2. **Extração de características e pré-processamento do sinal**: Em seguida, as características relevantes são extraídas do sinal de áudio e pré-processadas para facilitar a análise posterior. Técnicas como a análise espetral, os coeficientes

cepstrais de frequência de Mel (MFCCs) e a codificação preditiva linear (LPC) são normalmente utilizadas para este fim.

3. **Reconhecimento do discurso (ASR)**: Depois de o sinal de áudio ter sido processado e as características extraídas, são utilizadas técnicas de reconhecimento automático do discurso (ASR) para transcrever o discurso para texto. Os modelos de aprendizagem profunda, como as redes neurais recorrentes (RNN) e as redes neurais convolucionais (CNN), melhoraram significativamente a precisão dos sistemas ASR.

4. Processamento de linguagem natural (PNL): Após a transcrição, são aplicadas técnicas de processamento da linguagem natural para analisar e compreender o texto transcrito. Isto pode envolver tarefas como a análise, a análise semântica e o reconhecimento de intenções para extrair informações significativas da linguagem falada.

5. **Biometria vocal**: As tecnologias de biometria vocal são utilizadas para verificar a identidade do orador com base nas suas características vocais únicas. Os algoritmos de reconhecimento e verificação do orador desempenham um papel crucial para garantir a segurança e a integridade dos sistemas de autenticação baseados na voz.

6. Geração de respostas: Por último, é gerada uma resposta adequada com base no discurso de entrada, que pode envolver a síntese de texto para voz ou a seleção de uma resposta predefinida de uma base de dados. Isto permite que os sistemas de IA interajam com os utilizadores de uma forma natural e conversacional.

IV. **Aplicações do reconhecimento da fala e da voz**

1. Assistentes virtuais: As tecnologias de reconhecimento da fala alimentam assistentes virtuais como a Siri, a Alexa e o Google Assistant, permitindo aos utilizadores interagir com os seus dispositivos através de comandos em linguagem natural.

2. **Transcrição de fala para texto**: Os sistemas de reconhecimento de voz são amplamente utilizados para transcrever linguagem falada em texto, facilitando tarefas como ditado, legendagem e serviços de transcrição.

3. **Dispositivos controlados por voz:** As tecnologias de reconhecimento de voz estão integradas em vários dispositivos, incluindo smartphones, altifalantes inteligentes e sistemas automóveis, permitindo que os utilizadores os controlem em modo mãos-livres utilizando comandos de voz.

4. Automatização de centros de atendimento: As tecnologias de reconhecimento de voz e de processamento de linguagem natural são utilizadas para automatizar as operações dos centros de atendimento, permitindo às empresas fornecer um serviço ao cliente eficiente e personalizado através de sistemas de resposta interactiva de voz (IVR).

5. **Tradução de línguas**: Os sistemas de reconhecimento da fala são utilizados em aplicações de tradução de línguas, permitindo a tradução em tempo real da linguagem falada para diferentes línguas.

V. Desafios e direcções futuras

Apesar dos avanços significativos nas tecnologias de reconhecimento da fala e da voz, subsistem vários desafios e oportunidades de investigação futura:

1. Precisão e robustez: Melhorar a exatidão e a robustez dos sistemas de reconhecimento da fala, especialmente em ambientes ruidosos e para diversos sotaques e línguas, continua a ser um desafio fundamental.

2. **Privacidade e segurança**: A resolução das preocupações relacionadas com a privacidade e a segurança nos sistemas de autenticação por voz, incluindo os ataques de falsificação de voz e o acesso não autorizado a dados pessoais, é essencial para garantir a confiança dos utilizadores.

3. Integração multimodal: Explorar formas de integrar tecnologias de reconhecimento da fala e da voz com outras modalidades, como o

reconhecimento de gestos e a análise de expressões faciais, poderá melhorar as capacidades e a usabilidade dos sistemas de IA em cenários do mundo real.

4. **Aprendizagem contínua**: O desenvolvimento de técnicas de aprendizagem contínua e de adaptação à evolução dos padrões linguísticos e das preferências dos utilizadores é crucial para garantir a relevância e a eficácia a longo prazo dos sistemas de reconhecimento da fala.

5. Implicações éticas e sociais: Considerar as implicações éticas e sociais das tecnologias de reconhecimento da fala e da voz, incluindo os enviesamentos nos dados de treino e o potencial impacto social, é essencial para um desenvolvimento e implementação responsáveis. As tecnologias de reconhecimento da fala e da voz transformaram a forma como interagimos com as máquinas, permitindo interfaces homem-computador mais naturais e intuitivas. Desde assistentes virtuais e transcrição de voz para texto até dispositivos controlados por voz e automatização de centros de atendimento telefónico, as aplicações do reconhecimento da fala são vastas e diversificadas. À medida que a investigação neste domínio continua a avançar, podemos esperar mais inovações que irão melhorar a precisão, a usabilidade e a acessibilidade dos sistemas de reconhecimento de voz e de fala com IA, acabando por impulsionar a próxima vaga de interação homem-máquina.

Problemas de satisfação de restrições em Inteligência Artificial

Os Problemas de Satisfação de Restrições (CSP) são uma estrutura fundamental na inteligência artificial para modelar e resolver uma vasta gama de problemas do mundo real. Estes problemas implicam encontrar uma solução que satisfaça um conjunto de restrições que regem as relações entre variáveis. Os CSP têm aplicações em vários domínios, incluindo programação, planeamento, configuração e otimização.

Componentes de um CSP

1. **Variáveis**: As variáveis representam as entidades cujos valores precisam de ser determinados. P o d e m assumir valores discretos de um domínio finito.

2. Domínios: Os domínios especificam os valores possíveis que as variáveis podem assumir. Os domínios podem ser finitos ou infinitos, dependendo do domínio do problema.

3. **Restrições**: As restrições definem as combinações de valores permitidas para conjuntos de variáveis. Capturam as relações e dependências entre variáveis.

CONCLUSÃO

Em conclusão, a convergência de ferramentas geradoras de IA, IoT e inteligência de dados representa uma força transformadora que irá remodelar as indústrias, impulsionar a inovação e capacitar os indivíduos na era digital. Ao aproveitar as sinergias entre os conhecimentos gerados pela IA, os fluxos de dados gerados pela IoT e as capacidades analíticas avançadas, as organizações podem desbloquear novas oportunidades de crescimento, competitividade e sustentabilidade. No entanto, enfrentar os desafios e as considerações éticas associadas às ferramentas geradoras de IA, à IoT e à inteligência de dados exige esforços de colaboração, abordagens interdisciplinares e um compromisso com a inovação responsável. Juntos, podemos aproveitar todo o potencial das ferramentas geradoras de IA, da IoT e da inteligência de dados para criar um futuro mais inteligente, mais conectado e inclusivo para todos.

REFERÊNCIAS

[1] S. J. Russell e P. Norvig, Artificial Intelligence: Uma Abordagem Moderna. Kuala Lumpur, Malásia: Pearson Education, 2016.

[2] D. Vernon, Artificial Cognitive Systems: A Primer. Cambridge, MA, EUA: MIT Press, 2014.

[3] F. Van Harmelen, V. Lifschitz, e B. Porter, Handbook of Knowledge Representation, vol. 1. Amesterdão, Países Baixos: Elsevier, 2008.

[4] S. Nunn, J. T. Avella, T. Kanai, e M. Kebritchi, "Métodos de análise de aprendizagem, benefícios e desafios no ensino superior: A systematic literature review," Online Learn, vol. 20, no. 2, pp. 1-17, Jan. 2016.

[5] Desenvolvimento global da educação baseada na IA, Deloitte Res., Deloitte China, Deloitte Company, 2019.

[6] D. Walsh, J. M. Parisi, e K. Passerine, "Privacy as a right or as acommodity in the online world: The limits of regulatory reform and self regulation", Electron. Commerce Res., vol. 17, n.º 2, pp. 185-203, 2017.

[7] A. Bundy, "A survey of automated deduction", em Artificial Intelligence Today. Berlim, Alemanha: Springer, 1999, pp. 153-174.

[8] Sonam Dubey, Anjali Vishwakarma, Dr. Ritu Shrivastava, Amit Dubey, "an analysis on different iot based security approaches.2024 IJCRT | Volume 12, Issue 3 March 2024 | ISSN: 2320-2882.

[9] Sonam pathak "Uma revisão: Chaotic System with DES Image Encryption Technique" foi publicado no "International Journal of Advanced Research in Computer and Communication Engineering Volume 2, Issue 7, July 2013".

[10] Sonam pathak "Uma técnica eficiente de encriptação de imagens DES (Data Encryption Standard) com incerteza aleatória RGB" foi aceite na Conferência IEEE ICROIT 2014 "Conferência Internacional sobre Otimização

de Ratibilidade e Tecnologia da Informação" 06-08 de fevereiro de 2014.

[11] Prof. Sonam Dubey , Prof. Anjali Vishwakarma, Dr. Ritu Shrivastava, An Analysis on different IOT based security approaches 2024 IJCRT Volume 12, Issue 3 March 2024| ISSN: 2320-2882.

[12] Botta, A.; de Donato, W.; Persico, V.; Pescapé, A. Integração da computação em nuvem e da Internet das coisas: A survey. Future Gener. Comput. Syst. 2016, 56, 684-700.

[3]Cavalcante, E.; Pereira, J.; Alves, M.P.; Maia, P.; Moura, R.; Batista, T.; Delicato, F.C.; Pires, P.F. Sobre a interação entre Internet das Coisas e Computação em Nuvem: Um estudo de mapeamento sistemático. Comput. Commun. 2016, 89-90, 17-33.

[14] Díaz, M.; Martín, C.; Rubio, B. Estado da arte, desafios e questões em aberto na integração da Internet das coisas e da computação em nuvem. J. Netw. Comput. Appl. 2016, 67, 99-117.

[15] Tsai, C.-W.; Lai, C.-F.; Chiang, M.-C.; Yang, L.T. Data mining for internet of things: A survey. Commun. Surv. Tutor. IEEE 2014, 16, 77-97.

[16] Miorandi, D.; Sicari, S.; de Pellegrini, F.; Chlamtac, I. Internet of things: Visão, aplicações e desafios de investigação. Ad Hoc Netw. 2012, 10, 1497-1516.M

[17]. Da-Xu, L.; He, W.; Li, S. Internet das coisas nas indústrias: inquérito. Ind. Inform. IEEE Trans. 2014, 10,2233-2243.

[18]. Jia, X.; Feng, Q.; Fan, T.; Lei, Q. RFID technology and applications in Internet of Things (IoT).In Proceedings of the 2n International Conference on Consumer Electronics, Communications and Networks (CECNet), Yichang, Chin 21-23 April 2012; pp. 1282- 1285.

[19] Ngai, E.; Moon, K. Investigação sobre RFID: Uma revisão da literatura académica (1995-2005) e futuras direcções de investigação.Int. J. Prod. Econ.

2008, 112, 510-520.

[20]. Sherif El-Gendy; Marianne. A. Azer Security Framework for Internet of Things (IoT) 2020 15th International Conference on Computer Engineering and Systems (ICCES) Cairo, Egito, dezembro de 2020.

[21]. Kushagra Jha; Sitara Anumotu; Pronika Security Issues and Architecture of IOT 2021 Conferência Internacional sobre Inteligência Artificial e Sistemas Inteligentes (ICAIS) março de 2021 Coimbatore, Índia.

[22]. Uckelmann, D.; Harrison, M.; Michahelles, F. An Architectural Approach towards the Future Internet of Things ;Springer: Berlin, Germany, 2011.

[23]. Li, S.; Xu, L.;Wang, X.;Wang, J. Integração de redes sem fios híbridas em sistemas de informação empresariais orientados para serviços em nuvem. Enterp. Inf. Syst. 2012, 6, 165-187.

[13] Wang, L.; Da-Xu, L.; Bi, Z.; Xu, Y. Limpeza de dados para integração de RFID e WSN. Ind. Inform. IEEE Trans. 2014,10, 408-418.

[14]. Rwan Mahmoud; Tasneem Yousuf; Fadi Aloul; Segurança da Internet das coisas (IoT): Estado atual, desafios e medidas prospetivas 2015 10th International Conference for Internet Technology and Secured Transactions (ICITST) London, UK June 2019.

[15].Zhi-Kai Zhang; Michael Cheng Yi Cho; Chia-Wei Wang; Chia-Wei Hsu; Chong-Kuan Chen; Shiuhpyn IoT Security: Ongoing Challenges and Research Opportunities 2014 IEEE 7th International Conference on Service-Oriented Computing and Applications Matsue, Japão.

[16]. Jian Zhang; Huaijian Chen; Liangyi Gong; Jing Cao; Zhaojun Gu: A pesquisa atual da segurança da IoT. 2019 IEEE Quarta Conferência Internacional sobre Ciência de Dados no Ciberespaço (DSC) Hangzhou, China.

[17]. Itisha Varshney; Anushka Chowdhury; Afaq Ahmad; Hriday Banerjee: Sistema de segurança baseado na IoT, tudo em um, 2023 11.ª Conferência

Internacional sobre Internet de Tudo, Engenharia de Micro-ondas, Comunicação e Redes (IEMECON) Jaipur, Índia.

[18] Mahesh Kandekar; Rajesh Ingle : Análise do desempenho de sistemas de gestão de bases de dados locais para aplicações móveis 2013 Conferência internacional sobre computação em nuvem e ubíqua e tecnologias emergentes .

[19] T. M. Fernández- Caramés e P. Fraga-Lamas, "A Review on Human-Centered IoT-Connected Smart Labels for the Industry 4.0," in IEEE Access, vol. 6, pp. 25939- 25957, 2018, doi: 10.1109/ACCESS.2018.2833501.

[20] Coulton, P., & Lindley, J. G. (2019). Design mais do que centrado no ser humano: Considering Other Things. The Design Journal, 22(4), 463-481. https://doi.org/10.1080/14606925.2019.1614320

[21] S. S. Sreeraj, A. Unnikrishnan, K. Vishnu, N. E. Kennith, S. Anand e M. V. Ramesh, "Empowerment of Women Self Help Groups: Human Centered Design of a Participatory IoT solution", Conferência Global de Tecnologia Humanitária do IEEE de 2020 (GHTC), Seattle, WA, EUA, 2020, pp. 1-8, doi: 10.1109/GHTC46280.2020.9342858.

[22] M. Fauquex, S. Goyal, F. Evequoz e Y. Bocchi, "Creating people-aware IoT applications by combining design thinking and user-centered design methods", 2015 IEEE 2nd World Forum on Internet of Things (WF-IoT), Milan, Italy, 2015, pp. 57-62, doi: 10.1109/WF-IoT.2015.7389027.

[23] Md Fasiul Alam, Serafeim Katsikas, Olga Beltramello, Stathes Hadjiefthymiades, Sistema de monitorização e segurança baseado em realidade aumentada e virtual: Um protótipo de plataforma IoT, Journal of Network and Computer Applications, Volume 89, 2017, Páginas 109- 119, ISSN 1084-8045, Elsevier 2017

[24] Lv, Zhihan, 2020, "Realidade virtual no contexto da Internet das Coisas" na revista Neural Computing and Applications, Springer, Volume 32, Número 13.

[25] Pasandideh, F.; da Costa, J.P.J.; Kunst, R.; Islam, N.; Hardjawana, W.; Pignaton de Freitas, E. A Review of Flying Ad Hoc Networks: Key Characteristics, Applications, and Wireless Technologies. Remote Sens. 2022,

14,4459.https://doi.org/10.3390/rs14184459

[26] Sotirios Brotsis, Konstantinos Limniotis, Gueltoum Bendiab, Nicholas Kolokotronis, Stavros Shiaeles, Sobre a adequação das plataformas blockchain para aplicações IoT: Arquiteturas, segurança, privacidade e desempenho, Redes de Computadores, Volume 191, 2021, Elsevier

[27] Francesco Buccafurri, Gianluca Lax, Serena Nicolazzo e Antonino Nocera. 2017. Superando os limites do Blockchain para aplicativos IoT. Nos Anais da 12.ª Conferência Internacional sobre Disponibilidade, Fiabilidade e Segurança (ARES '17). Association for Computing Machinery, Nova Iorque, NY, EUA, Artigo 26, 1-6. https://doi.org/10.1145/3098954.3098983

[28] Mohammed Laroui, Boubakr Nour, Hassine Moungla, Moussa A. Cherif, Hossam Afifi, Mohsen Guizani, Edge and fog computing for IoT: A survey on current research activities & future directions, Computer Communications, Volume 180, 2021, 210-231. ISSN 0140-3664, Elsevier.

[29] Adi, E., Anwar, A., Baig, Z. et al. Aprendizagem automática e análise de dados para a IoT. Neural Comput & Applic 32, 16205-16233 (2020), Springer.

[30] Yousefi, S., Derakhshan, F., Karimipour, H. (2020). Aplicações de Big Data Analytics e Machine Learning na Internet das Coisas. Em: Choo, KK., Dehghantanha, A. (eds) Handbook of Big Data Privacy. Springer, Cham. https://doi.org/10.1007/978-3- 030-38557-6_5.

[31] Marcus Borges; Jorge Bernardino; Isabel Pedrosa . Estratégias de tomada de decisão baseadas em dados aplicadas ao marketing 2021 16ª Conferência Ibérica de Sistemas e Tecnologias de Informação (CISTI) De 23 a 26 de junho de 2021, 10.23919/CISTI52073.2021.9476506

[32] Mario José Diván. Tomada de decisões baseada em dados Conferência Internacional de 2017 sobre Tecnologias Infocom e Sistemas Não Tripulados (Tendências e Direcções Futuras) (ICTUS) 10.1109/ICTUS.2017.8285973.

[33] Prof. Sonam Dubey , Prof. Anjali Vishwakarma, Dr. Ritu Shrivastava, An Analysis on different IOT based security approaches 2024 IJCRT Volume 12, Issue 3 March 2024 ISSN: 2320-2882.Ahmed Elragal , Nada Elgendy. Um

modelo de avaliação do grau de preparação para a tomada de decisões baseado em dados: O caso de um fabricante sueco de produtos alimentares Decision Analytics journal 10 March 2024, 100405.

[34] Mrinal Dev; Abhishek Kumar; Gautam Kumar; Gambhir Singh Ciência de dados relacionada com Big Data, tomada de decisões baseada em dados e sua aplicação 2022 2ª Conferência Internacional sobre Avanços Tecnológicos em Ciências Computacionais (ICTACS) 10.1109/ICTACS56270.2022.9988578.

[35] Zou Lai; Siqin Fu; Hang Yu; Shulin Lan; Chen YangA .Abordagem de tomada de decisão orientada por dados para design de produto complexo com base em aprendizado profundo. 2021 IEEE 24ª Conferência Internacional sobre Trabalho Cooperativo Apoiado por Computador em Design (CSCWD) 10.1109/CSCWD49262.2021.9437761

[36] Ardhian Agung Yulianto; Yoshiya Kasahara .Implementação de inteligência de negócios com abordagem aprimorada de tomada de decisão orientada por dados. 2018 7th International Congress on Advanced Applied Informatics (IIAI-AAI) 10.1109/IIAI-AAI.2018.00204

[37] Jalal Moradi; Hossein Shahinzadeh; Hamed Nafisi; Mousa Marzband; Gevork B. GharehpetianAtributos da análise de Big Data para a tomada de decisões baseadas em dados em sistemas de energia ciber-físicos2020 14.ª Conferência Internacional sobre Proteção e Automação de Sistemas de Energia (IPAPS) 10.1109/IPAPS49326.2019.9069391.

[39]D. Kavitha; A. ChinnasamyAi Integração na tomada de decisão orientada por dados para gerenciamento de recursos na Internet das Coisas (Iot): A Survey.2021 10ª Conferência Internacional sobre Internet de Tudo, Engenharia de Micro-ondas, Comunicação e Redes (IEMECON) 10.1109 / IEMECON53809.2021.9689109.

[40] Jie Lu; Zheng Yan; Jialin Han; Guangquan Zhang.Data-Driven Decision-Making (D3M): Framework, Methodology, and Directions. Transações IEEE sobre tópicos emergentes em inteligência computacional (Volume: 3, Edição: 4, agosto de 2019)

ÍNDICE DE CONTEÚDOS

Buy your books fast and straightforward online - at one of world's fastest growing online book stores! Environmentally sound due to Print-on-Demand technologies.

Buy your books online at
www.morebooks.shop

Compre os seus livros mais rápido e diretamente na internet, em uma das livrarias on-line com o maior crescimento no mundo! Produção que protege o meio ambiente através das tecnologias de impressão sob demanda.

Compre os seus livros on-line em
www.morebooks.shop

Printed by Books on Demand GmbH, Norderstedt / Germany